U0155909

博物学家图书馆哺乳纲第六卷（鲸鱼）的独角鲸或海洋独角兽的版画。时代生活图片社曼赛尔摄影，盖蒂图片社生活图片集

磨损的腓力五世（1700—1724年在位）本洋。1720年前后在塞维利亚造币厂铸造，发现于英格兰汉普郡。这枚硬币被故意两次弯曲成英国典型爱情象征的S形状，背面被磨平并冲压上了一枚当时与法国和基督教密切相关的百合花图案。版权归温彻斯特博物馆服务部所有

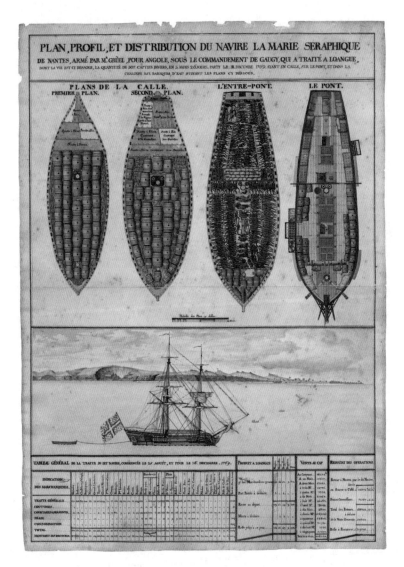

18世纪法国南特（曾是法国最大的奴隶贩卖中心）奴隶船"六翼天使玛丽号"
（Marie-Séraphique）的堆奴场、统舱和船桥平面图、剖面图及货品细目，显示船
上装有307名作为"货物"装载的奴隶。图的下半部分介绍了1769年8月25日至
12月16日期间该船贩奴活动的总体情况。南特"六翼天使玛丽号"平面图、剖面
图和分布图（约1770年），勒内·勒米特（René Lhermitte）绘制。南特历史博物
馆原件复制品。版权公有（维基共享资源）

荷兰画家雅各布·弗雷尔（Jacob Vrel）创作的《窗边的女人》（*Woman at the Window*，1654年）。维也纳艺术史博物馆馆藏，知识共享许可协议授权

梅里西·德·卡拉瓦乔创作的《基督在以马忤斯的晚餐》，布面油画，规格141.0厘米×196.2厘米，伦敦国家美术馆馆藏。盖蒂图片社威尔逊、考比斯翻拍

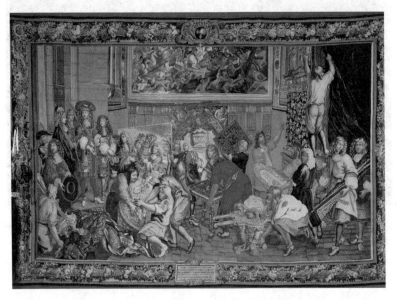

路易十四参观戈博兰工坊（1673年），夏尔·勒·布伦（1619—1690）创作，挂毯，规格370厘米×576厘米。盖蒂图片社德·阿戈斯蒂尼拍摄；凡尔赛宫藏

《代尔夫特的风景》（1652年），伦敦国家美术馆馆藏。美术图像，历史影像，盖蒂图片社拍摄

海罗尼穆斯·弗兰肯二世（1578—1623）创作的《扬·斯奈林克艺术画廊》（1621年）。DEA图片库、盖蒂图片社德·阿戈斯蒂尼翻拍

1666—1668年间维米尔（荷兰画家，1632—1675）创作的油画《绘画艺术》，规格120厘米×100厘米，维也纳艺术史博物馆藏。盖蒂图片社威尔逊、考比斯翻拍

17世纪最后25年的刻有萨普米主题的盒子。斯德哥尔摩北欧博物馆馆藏，藏品编号3863。乔纳斯·诺丁摄

位于瑞典乌普萨拉市的约翰尼斯·谢弗勒斯博物馆。乔纳斯·诺丁摄

礼器萨米鼓。霍夫曼画作中曾有过描绘，如今在乌普萨拉的林奈博物馆展出（藏品编号14791）。照片承蒙林奈博物馆提供

透过器物看历史

④ 启蒙时代

[英]丹·希克斯 [英]威廉·怀特◎主编 [英]奥黛丽·霍宁◎编
张建威◎译

中国画报出版社 · 北京

图书在版编目（CIP）数据

透过器物看历史. 4, 启蒙时代 / （英）丹·希克斯,
（英）威廉·怀特主编；（英）奥黛丽·霍宁编；张建威
译. -- 北京：中国画报出版社，2024.8
　　书名原文：A Cultural History of Objects in the
Age of Enlightenment
　　ISBN 978-7-5146-2339-0

　　Ⅰ. ①透… Ⅱ. ①丹… ②威… ③奥… ④张… Ⅲ.
①日用品—历史—西方国家—近代 Ⅳ. ①TS976.8

中国国家版本馆CIP数据核字(2023)第230163号

This translation of [A Cultural History of Objects in the Age of Enlightenment]
is published by arrangement with Bloomsbury Publishing Plc.
Copyright © Audrey Horning and contributors, 2021
北京市版权局著作权合同登记号：01-2022-2681

透过器物看历史　4　启蒙时代
［英］丹·希克斯　　［英］威廉·怀特　主编
［英］奥黛丽·霍宁　编　　张建威　译

出 版 人：方允仲
项目统筹：许晓善
责任编辑：程新蕾
审　　校：崔学森
装帧设计：同鸣设计
内文排版：郭廷欢
责任印制：焦　洋

出版发行：中国画报出版社
地　　址：中国北京市海淀区车公庄西路33号　邮编：100048
发 行 部：010-88417418　010-68414683（传真）
总编室兼传真：010-88417359　版权部：010-88417359

开　　本：16开（710mm×1000mm）
印　　张：15.75
字　　数：170千字
版　　次：2024年8月第1版　2024年8月第1次印刷
印　　刷：三河市金兆印刷装订有限公司
书　　号：ISBN 978-7-5146-2339-0
定　　价：438.00元（全六册）

C目录 Contents

导言：启蒙时代的器物

奥黛丽·霍宁

引言

对任何时代来讲，器物的影响力都不容小觑。它们在人类活动中起到了激励、约束和赋能的作用。启蒙时代（本卷将其划定在1600至1760年时段），随着器物数量的增多，其影响力也随之叠加。这是一个深刻变革的物质时代，在海上运输方式创新的推动下，在新式交换关系的带动下，人流、物流和思想观念均发生了显著的变化。可转让性、分离性和商品化的观念成为主张并定义殖民扩张的资本主义出现的伴生特征。量化冲动是资本主义思维倾向的核心，这一点，在初见端倪的侧重描述、分类和理性主义的科学世界观中激起了回响。商品供应量的增加促使新的消费模式产生。这种模式主要是通过剥削非西方国家的土地和人民来实现的，时至今日，其衣钵仍在继续深刻地影响着现今的社会和政治关系。

就其本质而言，启蒙时代充斥着种种矛盾：这一时期，人们对思想解放、个人自由和知识的渴求日趋凸显，同时也爆发了跨大西洋贩奴贸易以及殖民地的强权和暴力恐怖现象。对此，器物则起到了物化并助长这些矛盾萌发的作用。这一点从英国国家海事博物馆的两件藏品中可见一斑。第一件藏品是1646年由德国工匠艾萨克·哈布雷希特三世（Isaac Habrecht III）制作的装饰华丽的镀金天体钟表地球仪；第二件藏品是一款铁制约束腕箍，用于奴隶佩戴，上面刻有奴隶主（博桑奎特）和种植园（莱顿）的名字，日期为1746年。哈布雷希特打造的计时装置，不仅体现了他的技术专长和艺术技巧，还展现了其日益增长的对地球、天空及时间本身量化的科学意识。空间和时间意识不仅改变了个人的自我认知，同时也促进了人员流动，这一点在海上航行方面表现尤其明显。至于第二件器物，则毋庸赘言。启蒙时代是一个排斥和剥削的时代。在此期间，迄今仍影响着21世纪的种族主义话语体系得以正式化和法典化。如今，资本主义的发展与自由市场意识形态紧密联系在一起，却依赖于并不自由的劳动，则是这一时期另一个深刻的矛盾。

殖民主义和资本主义的关系本就剪不断理还乱，又为把世界联系起来的器物所赋能，粗陋的陶土烟斗就是一个明证。17世纪和18世纪，这种司空见惯的器物的使用给不同社会阶层的很多人带来了暂时的慰藉。这是当今时代关于英国殖民地的一个典型发现。这种器物可能是由位于荷兰小镇豪达的英国烟斗生产商生产，采用的是英国殖民者仿造的、美国北卡罗来纳州阿尔冈昆人（Algonquian）日常使用的手工陶土烟斗形制。荷兰烟斗上的设计图案因制造商而异，从简单的首字母到旋转的线条，再到花卉、纹章、天象、人物图章等，不一而足。烟斗促进了人们对烟草这种新世界作物的吸食。

它们最初在北美东部种植，由当地土著园艺家打理，但仅凭一纸契约，便被怀有与生俱来的、不可动摇的文化优越感的英国殖民者据为己有。烟草以原始形态被运送到大西洋彼岸，在英国仓库进行加工和重新包装后，销往不列颠群岛、欧洲大陆以及俄国，甚至返销美洲殖民地。17世纪末叶，英国经过大量试验培育出的一些杂交品种也开始进行搭售。

由此，吸烟的习惯迅速蔓延开来。到17世纪20年代时，印度种植的烟草已经在奥斯曼帝国喷云吐雾了。然而，奥斯曼的烟民们并没有依赖欧洲制造的烟斗，而是采用了一种带有陶瓷斗钵和独立斗柄、烟嘴的烟斗。1604年，第一家奥斯曼烟斗制造厂由保加利亚首都索菲亚的一个同业公会建立。这些装饰性极强的奥斯曼烟斗流传开来。2018年，在美国弗吉尼亚州詹姆斯敦岛曾发现了一个17世纪早期的烟斗。1619年，第一批非洲黑奴被强行带到这块殖民地定居，其中一位名叫安吉拉（Angela）的安哥拉妇女曾经住在岛上。吸烟，对许多人来说，可能是直面不堪生活的一种手段。作为一种众人共享的活动，它有助于调解饱受奴役之苦的非洲人、土著仆人和欧洲人之间的社会关系（另见本卷第七章）。从某种程度上讲，烟斗这种吸烟工具是一种非常个人化和个性化的器物，同时也是全球商品流动、劳动力商品化以及欧洲对新世界和非洲社会所欠下血债的一份明证。作为新世界的一个生物物种，烟草也是美国历史学家阿尔弗雷德·克罗斯比（Alfred Crosby）称为"哥伦布大交换"（指近代早期植物、动物和病媒的流转以及近代早期器物的流动）的一部分。考古出土的陶土烟斗碎片的耐久性令研究人员不得不正视近代早期世界的多重属性。

这种商品和生物物种的形成反过来催生了人们强烈的科学好奇心，并通过对丰富的知识和异域的人、器物而表现出来。不仅要翔实记录，而且要真正拥有非比寻常之物，这是诸如丹麦博物学家奥勒·沃姆（Ole Worm，又称欧拉乌斯·沃尔缪斯，Olaus Wormius，1588—1654）之类近代早期学者的典型心态。1655年，沃姆身故一年后，他的专著《沃里亚努姆博物馆：作者在哥本哈根家中收藏的国内外天然、人造珍稀品历史》（*Museum Wormianum, or History of the Rarer Things both Natural and Artificial, Domestic and Exotic, which the author collected in his house in Copenhagen*）由其儿子出版，书名恰如其分地概括了方兴未艾的收藏时尚。沃姆的收藏范围很广，藏品种类繁多，从海雀标本、矿物碎片到冰岛酒角，再到美洲土著的陶制烟斗和弓箭，不胜枚举。当沃姆还是一名医生时，人们有关他的记忆主要是他的珍奇柜以及他在关于独角兽存在与否的辩论中的突出表现。沃姆依据他的收藏品得出结论：市场上的独角兽角实际上是独角鲸——欧洲人在北大西洋海域首次遇到的一种海洋哺乳动物——的獠牙（图0-1）。沃姆的科学分析让斯堪的纳维亚渔民将独角鲸的獠牙冒充独角兽兽角的做法大白于天下。但是出售"独角兽兽角"的营生仍持续了几个世纪，这也从另外一个角度体现了民间信仰的力量。

尽管欧洲本土很少有人承认，但不可否认的是，殖民地给欧洲的物质版图带来了永久的改变，正如数百年来欧洲市场受到来自遥远的奥斯曼帝国货品的深刻影响一样。在反映日益全球化的不平等模式的同时，这些器物或许还在讲述着其他令人震惊的故事。正如在其他时代一样，并非所有器物都是新的，也并非所有器物都那么

图0-1 博物学家图书馆哺乳纲第六卷（鲸鱼）的独角鲸或海洋独角兽的版画。时代生活图片社曼赛尔摄影，盖蒂图片社生活图片集

备受青睐（就如上面独角兽的故事所表明的那样）。这一点在日常器物和建筑环境中，都可以发现一脉相承的连续性。17世纪的伦敦，是欧洲发展最快的城市中心之一。当地居民置身于这个科学知识创新的中心，接触着琳琅满目的全球商品，却依旧恪守着与启蒙运动思想相悖的民间习俗和身体概念。时常见之于世的女巫瓶等法事器物及其中封藏的避邪器物便是这方面的具体物证。这些容器通常是莱茵盐釉面的粗陶瓶，里面放上别针和钉子等物品，与人的头发和尿液混合在一起。密封之后，人们会把这些容器掩埋或隐藏起来，作为一种护身法术。据2004年数据，在英国发现并记录在案的这类瓶子已有200多个。正如安-索菲·斯维特（Ann-Sophie Thwaite）所言，女巫瓶利用魔法巫术与"当代医学科学疗法"的相似性，在二者之间画上了一个蛊惑人心的"等号"。换句话说，女巫瓶同时僭

越了知识和医疗这两种体系。莱茵粗陶瓶也是这个时代日益商业化趋势的一个反映。德国的雷伦、弗雷兴和科隆等工业中心都大批量生产了此类容器并销往欧洲各地及其殖民地。起初，它们通常用作盛放葡萄酒和白兰地的酒器，但后来逐渐改为其他家用，其中就包括避邪驱魔。

总之，即使是最司空见惯的日常用品也可能在崭新的环境中平添额外的含义。例如，粗陋的陶瓷容器（其形制在中世纪时日臻完美）从英格兰西部运到北美殖民地，其身份或许不为人们所接受和认可，不过一旦登堂入室便被赋予了全新的意义。人员与货品的流动是启蒙时代的一个显著特征。这种流动无疑推动了人们对个人和社会身份的全新理解与关注。家喻户晓的忠诚和皈依，无论是血缘、宗教还是地区性的，都不可避免地因迁徙流动和邂逅相逢而发生转变。在这类变革中，器物可能会产生推波助澜、东趋西步、斡旋调停的作用。

本导论的下文阐述了启蒙时代的器物这一关键主题，以便为后续章节搭建出一个特定的历史框架。第一个问题就是定义：启蒙时代究竟意味着什么？这一时期产生的信仰和理念，迄今仍在以或积极或消极的方式影响着世界的日常生活。比如，这套关于器物文化史的丛书有意立足于西方社会，以其所提供的参照性来考量延续和变化。不过，它也反映了启蒙时代形成的欧洲霸权信念。这是对其他全球历史的一种掩盖，早在欧洲扩张之前就已兴盛的东非和南亚之间的印度洋贸易。因此，本卷的字里行间尤其充斥着一种紧张气氛，因为在其所涵盖的160年中，全球化正在如火如荼地加速发展，这反映在货物和人员的流动上，特别是不平等加剧和世界霸主的东权西渐。正如本卷所述，对这一时期"非西方"从根本上改变了西方的方式，学者们的质疑只是刚刚开始。尽管过去500年间有关欧洲独领风骚的传统说法甚嚣尘上，但是这一变化并不是单向的。人们眼中的西方物质文化越来越多地被证明是多重环球影响的产物。因此，本导论和本卷接续部分将就物质影响的多向属性进行探讨。这一关注取向反映了文化史的全球视角以及人类学和其他领域的理论进展，从而对启蒙运动的一些基本思想特别是二元认识论构成了挑战。

对启蒙运动探讨之后，本卷对物质文化的学科研究进行了思考。我们可以在多大程度上将物质研究转而定位为真正的跨学科探索？历史学家、艺术历史学家、考古学家、人类学家、地理学家和文学学者等采取的研究方法是否大相径庭？本卷还阐述了当前关于器物的一些理论争鸣以及探究人与器物关系的方法。接下来又探讨了1600—1760年间西方体验的核心，即资本主义和消费主义。鉴于有关资本主义的出现以及消费和消费主义兴起的文献汗牛充栋，这一部分内容势必要有所取舍，仅侧重于器物的积极作用。最后，讨论了殖民纠葛中器物的亲和性和有效性。从根本上讲，殖民主义是一个影响全球（包括实施殖民统治的国家）生活的物质过程。这是启蒙运动向世人昭示的无可争辩的事实。

定义启蒙时代

深入探索1600—1760年间的器物世界之前，有必要重新审视并准确定义"启蒙时代"一词的含义。从传统上讲，启蒙运动的定义与一个特定的西方哲学运动有关，该运动强调获取科学知识，倡导应用理性观念，显著特点是坚持进步和完善人性的理念。启蒙时代（或称理性时代）通常可以追溯到18世纪，与伏尔泰、卢梭、狄德罗和孟德斯鸠等法国哲学家联系在一起，被视为现代欧洲民族国家立国的哲学根基。但是，启蒙思想并非18世纪的新生事物，其渊源可以追溯到文艺复兴时期，尤其是欧洲探险和扩张时期。早期航行和接踵而至的遭遇所带来的对自然和文化社会的日益增长的认知，促使哲学从其神学传统本源中升华出来，为科学理性观念的发展和进步理念的弘扬奠定了基础。

定义启蒙运动的知识追求与对财富的追逐一直纠缠在一起。来自英国早期殖民地罗诺克岛、北卡罗来纳和弗吉尼亚州詹姆斯敦的考古证据便生动地诠释了这种冲动。在罗诺克，布拉格矿物学家约阿希姆·甘斯（Joachim Gans）的工作室遗存资料表明，他进行过一系列分析实验以期觅得贵重金属矿源，辨明成功生产黄铜所需的矿物成分。据托马斯·哈利奥特（Thomas Hariot）称，尽管甘斯从罗诺克地区土著居民那里获得的黄铜中提取出少量白银，但鉴于殖民者无法养活自己，这种寻求暴利商品之举未免有些操之过急。就殖民活动而言，追求利益是其核心，因此，他们并没有从罗诺克殖民地汲取失败的教训。在詹姆斯敦，即使是在1607—1611年生存压力巨大的早期，殖民者们也不惜下功夫寻找宝石和矿物，从早期詹姆斯堡矿床中考古发现的半宝石、蒸馏盘、锅和废铜上便可见一斑。生产适销对路的商品主要集中在玻璃制造、丝绸生产、沥青和焦油提取、钾盐制造、葡萄酒生产和伐木以及种植诸如甘蔗、槐蓝和烟草等西印度群岛作物的尝试上。

科学理性主义和对利益的追求也推动了对欧洲扩张至关重要的技

术演变，正如科林·莱恩（Colin Rynne）在本卷第二章中详述的那样。1600—1760年间，将科学、艺术和功能有机结合起来的航海仪器有了重大发展，包括基于牛顿的思想研发的八分仪和接踵而至的六分仪。这两种方法均可提高角度测量的精度，这对海上精确导航来讲不可或缺。这个时代航海技术所面临的重大挑战是找到一种测量经度的方法，而这一难题最终由英国钟表匠约翰·哈里森（John Harrison）破解，详见第二章中莱恩的阐述。毫不奇怪，这是一个强调量化和测量的时代，反映在17世纪计数器、千分尺和摆钟的研发中。正如玛丽·C.博德瑞（Mary C.Beaudry）在本卷第一章中所述，对于日趋规范的日常生活来讲，守时十分重要，因为它有助于形成新的思维习惯。启蒙时代的钟表制造史有其专门的文献史料，反映出17、18世纪对时间和技术的日渐关切。正如凯蒂·巴雷特（Katy Barrett）在本卷第五章中所探讨的那样，启蒙思想也注入了这一时期的艺术。她指出，视觉艺术专注于光源和透视实验，这与科学知识的形成以及对逻辑和数学的兴趣有着显而易见的联系。

不断演变的思维方式将科学探究、知识求索和利益驱动兼收并蓄，支撑起了所谓的"改进伦理"，注重的不仅是根据资本主义利润驱动原则改善农业用地来实现增产，还有人性的进步。虽然大多数讨论往往都与19世纪的道德提升有关（如学校、工厂、济贫院和收容所等机构的出现），但道德提升也是1600—1760年间的主要激励因素，因为它带来了自律的希望。殖民地强调通过改变居住环境、生存方式和穿着打扮，使荒蛮之地和（推定的）野人文明化，而殖民地空间设计对城市空间作出的重新规划，通过规范城区街道和强化都市功能，使控制和理性得以凸显。艾德里安·格林（Adrian Green）在本卷第六章中指出，网格化街道设计直接叠加在原生景观之上，绝少因地制宜地考虑现有地形。例如，18世纪弗吉尼亚州殖民地首府威廉斯堡的建设就需要填埋水道和深谷，以满足对称街道规划的要求。

在启蒙时代的新市镇，公共空间通过提供贸易和商业场所在展现和擎架公民意识、监督并促进新兴资本主义市场经济方面扮演了重要角色。这一道德化趋势的地图证据比比皆是，爱尔兰现存的17世纪早期的阿尔斯特种植园英国定居点的大量地图就是明证。种植园是为了征服爱尔兰人而设计的殖民地，通过城镇的建设来落到实处。每个种植园城镇都有一个中心市场广场、一座教堂和一座监狱，禁止使用非永久性材料施工或建造除英式建筑以外的任何建筑。当时，人们认为建筑能够积极改变居民的性格和习惯。在第六章中，艾德里安·格林清晰阐述了权力机制在启蒙时代建筑中的作用，特别是人们对建筑形式对称性的越发重视，反映了控制和监管的意识形态及其赖以为基的社会等级制度。

或许可以这样说，启蒙运动最具影响力的知识遗产便是与勒奈·笛卡尔（1596—1650）最常联系在一起的二元论，即非物质意识与物质肉体之间的分离。实际上，笛卡尔（图0-2）并非二元论思想的首倡者。他和弗朗西斯·培根（1561—1626）这样的其他早期启蒙思想家借鉴了古典哲学（笛卡尔则更多地从亚里士多德哲学中汲取了养料）和西方宗教中明确的灵魂独立的一神教。但是，在宗教改革带来的社会变迁，以及纷至沓来的殖民探险与殖民扩张的社会大背景下，笛卡尔的二元论思想在社会上引起了普遍反响，纵然他的一些论著经常遭到曲解。无论是笛卡尔实际设想的那种承认身体和心灵某种程度上的统一，还是认为自我深深根植于心灵的、

图0-2　勒奈·笛卡尔（1596—1650），法国数学家、科学家和哲学家。摘自《肖像画廊》（1833年，伦敦）。环球历史档案馆、盖蒂图片社翻拍

更简单的"机器中的幽灵"一说，二元论都继续影响着人们对世界的理解方式。二元论将人性从一个单独构想的"自然"世界和器物世界中分离出来，却受到了主张精神（大脑）寓于肉体中的表现论的挑战。在启蒙运动时代，二元论教化了政治哲学和宗教改革，利用其与基督教主张人类至上的人类中心主义理念的互补性为"自然"资源（也可能包括低人一等或未启蒙之辈）的开发提供了正当理由。这一信仰体系也导致了这个时代日益种族化的言论，其影响在21世纪的日常生活中仍然阴魂不散。

启蒙运动尽管坐拥平等和自由的理想，但也出现了基于种族主义的不平等思想，进而用来为大西洋贩奴贸易洗白。在本卷第一章中，玛丽·C.博德瑞探讨了启蒙思想的特殊定式。这种思维定式允许将奴隶制的核心进行人格物化，作为外化和再内化的辩证过程。随着15世纪葡萄牙人贸易活动的发端，大西洋奴隶贸易最终致使至少1000万～1200万人被强行虏获，运到大西洋彼岸的美洲沦为奴隶。支撑奴隶贸易的种族主义意识形态本身就植根于启蒙运动的科学知识创造活动并通过这些活动合法化。例如，瑞典学者和分类学家卡尔·林奈（Carl Linnaeus，1707—1778）不仅开发了至今仍在沿用的生物分类系统，还在其《自然系统》专著中声称确立了4个据说不同的人属（欧洲白人种、非洲黑人种、亚洲棕色人种和美洲红人种）。长期以来，奴役的物质性一直是加勒比海和北美东部地区考古研究的重点，南美洲尤其是巴西也日渐出现这方面的研究热。探求所谓非洲主义的初衷业已被更为复杂的研究所取代。大量浮出水面的史料充分表明，1600—1760年间的奴隶们及其家人在直面暴力泛滥和公权褫夺的情况下，积极利用物质条件来营造环境，维系集体的生存和联系。

还有部分考古学者偏重研究跨大西洋奴隶贸易本身的物质史实。沉船考古是一门昂贵的学科。在这一领域中起主导作用的，与其说是学术研究员还不如说是商业打捞者，故而研究奴隶贸易不如寻觅西班牙财宝船队或追踪海盗的吸引力大也就不足为奇了。对"维达号"的私人考探就是其中一例。"维达号"是一艘大型贩奴船，被海盗山谬·贝勒米（Samuel Bellamy）抓获，1717年在新英格兰海岸附近沉没。尽管它在贩奴贸易中的作用早有记载，其名字源于西非惠达王国的维达港，而且"维达号"仅被贝勒米扣留了两个月，但是，它却作为美洲发现的第一艘海盗船而得到广泛宣传，甚至还为此成立了一家私人性质的维达海盗博物馆，专门陈列打捞出水的"维达号"物品。1718年，海盗黑胡子的旗舰"安妮女王复仇号"在北卡罗来纳州海岸附近失事沉没。它的故事与"维达号"大同小异。该船最初是一艘名为"协和号"的法国奴隶船，但人们更热衷的是其海盗历史的那一段。从两处沉船遗址打捞出来的物品揭示了它们与非洲的关联，其中包括来自"维达号"的79件阿坎（西非一民族）金饰品以及"安妮女王复仇号"上的黄金碎片和象牙。这些是由非洲贸易商控制的非洲商品，在西方世界它们与黑奴一样都令人垂涎三尺。西非阿散蒂王国[1]的崛起尤其与西方对象牙、黄金和钻石日趋贪婪的欲望有千丝万缕的联系。深入研究与阿散蒂和其他复杂的西非政体相关的考古记载，这是加纳、尼日利亚、贝宁和塞内加

---

1 阿散蒂王国是18世纪初到20世纪中期（1701—1957），存在于西非加纳中南部的阿坎族王国。——编者注

尔等国的重点课题，而加纳的埃尔米纳堡和海岸角等地的欧洲人曾经管控的奴隶城堡遗迹无疑是监禁、强迫奴隶登船的铁证，昭示了奴隶贸易的残忍和野蛮。

在本卷所涵盖的历史时期中，研究得最为透彻的当属贩奴沉船"亨丽埃塔·玛丽亚号"。1972年，美国海底沉宝打捞专家梅尔·费雪（Mel Fischer）在搜寻一艘西班牙珍宝船时首次发现该船。如今，打捞出水的遗存已交由一家非营利基金会策展。沉船上的古器物不禁令人想起非洲奴隶漂越大西洋、被迫前往新世界的那条杀机四伏的中间航道，其中包括近90套完整的囚禁奴隶的镣铐。与"维达号"和"协和号"如出一辙的是，沉船上的货品还包括原本拟运往欧洲工坊的象牙、在那里加工成巴洛克风格待世界各地客户认购的艺术品、教堂里供奉的宗教雕像、大键琴和其他乐器的琴键以及摆在餐桌上展示的雕刻餐具手柄。17世纪下半叶在德国生产的一只52厘米高的象牙雕杯——现为维多利亚–阿尔伯特博物馆所收藏——其外形固然华美，却难掩它一度经历的磨难和暴力。

伴随着启蒙运动二元论而来的种族主义话语为非洲奴隶贸易提供了借口，而这些话语又呈现出高度性别化的态势。正如苏珊·鲍德（Susan Bordo）所说，笛卡尔二元论代表了一种"思想的男性化"，将女性放逐到自然世界而非文化领域，恰似非洲黑人遭受非人化待遇一样，美洲土著民族也被脸谱化为自然人而非文化人。国立美洲印第安人博物馆（2004年开馆）开门纳客之前，在美国国立自然历史博物馆展出的与北美土著文化有关的器物中，仍然可以窥见这种特殊分类的持久影响力在作祟。与此大同小异的是，和非洲文化有关的藏品也存放在美国国立自然历史博物馆中，而欧美藏品却在美国历史博物馆中独霸天下。虽然美洲印第安人博物馆和非洲裔美国人历史博物馆的建立值得肯定，但依据文化分类来继续割裂历史而不去承认这本是一个相互依存和联系的统一体，就足以表明启蒙思想在很大程度上仍然大行其道。

许多关于器物、用具和物质主义的当代理论学说都对二元论奉若神明，更倾向于明晰地探究人与物之间错综复杂的关系，以及器物独立于（而非从属于）人类存在的方式。这些理论上的争论在下文中还将深入进行探讨。鉴于环境恶化和气候加速变化的挑战，二元论也饱受诟病。尽管人类活动导致环境变化，同时人类也反过来受到这些变化的影响，但事实证明，要消除二元概念的影响依旧异常困难，因为它不仅仍是西方社会规范、政治结构和一神教派的基础，而且人们在日常生活中也将其奉为圭臬。

启蒙运动研究中的物质转向

虽然考古学家一直关注人类与物质世界之间的相互作用，但过去20年见证了人们对物质文化的盎然兴趣，特别是在历史、地理、科技研究、文学研究和社会科学学科中体现得尤为明显。这种物质转向的动机尤其是对消费的关注，通常与人类学家阿尔君·阿帕杜莱（Arjun Appadurai）和丹尼尔·米勒（Daniel Miller）的研究成果有关。从他们的研究中得出的理论见解继续支撑着对消费的广泛深入研究，本章下一节和克里斯蒂娜·J.霍奇（Christina J. Hodge）撰写的第三章都将对此进行详述。然而，事实并非如此简单，丹·希克斯（Dan Hicks）指出，早在阿帕杜莱和米勒研究之前，民族考古学和民俗研究就已经在人们对消费的理解方面作出了贡献。本卷将侧重探讨围绕阿帕杜莱称为"运动中的物"所发出的学科声音和所抛出的理论观点。

最近，凯瑟琳·理查森（Catherine Richardson）、塔拉·哈姆林（Tara Hamling）和大卫·盖姆斯特（David Gaimster）提出，"多学科对话与互动是物质文化研究中最具吸引力的特征之一"。就研究启蒙时代的物质多样性和丰富性而言，这种说法无疑是正确的，人们很容易将这种对近代早期器物的广泛兴趣视为真正的跨学科研究。但正如希克斯和博德瑞所告诫的那样，物质文化的基础文献"是遵循学科传统来阅读的，其接受程度会因学科研究方法的差异而有所不同"。文学学者可能会关注文本中对器物的描述方式，而艺术史学家则常常看重其中蕴含的美学和技艺。历史学家仍然倾向于眷顾有文献记载的诸如奢侈品瓷器这样的器物，以及那些有能力购买此类器物的人，但是，也渐趋同意安·布劳尔·斯塔尔（Ann Brower Stahl）的劝诫："倘若构成人类生活世界的物质和思想等量齐观……那么，历史研究就应该通过物证来予以极大的加强。"对于许多历史学家来说，器物主要是作为文本证据的有益补充，正如保拉·芬德伦（Paula Findlen）所言："每逢我们的分析言之有物都称得上是幸运有加，毕竟在绝大多数情况下，研究消失已久的文物到最后都只能纸上谈兵。"当然，考古学家肯定不敢苟同，相反，他们会强调出土文物有助于减少对精品个体器物（更有可能载入史册）的关注，而更多地把目光投向成套家庭用品那样的普通器物，从而实现研究的民主化。此外，物质与材料历久弥坚，它们通过自身的物质性强迫与过去抗衡。虽然启蒙时代的文献记录确实相当可观，但并不全面，其偏颇之处需要善加分析。许多人（如果不是大多数的话）

的生活并没有留下雪泥鸿爪，但是，所有的人都与器物发生了联系，而众多器物尚待发现和研究。

面临的挑战是确保跨学科的对话，同时又要防止随着对物质的关注面日益宽泛学者们会反过来不再探究熟悉领域之外的课题。近期，一本自称是跨学科专著的《近代早期事物、器物及其历史》（*Early Modern Things, Objects and Their Histories*）囊括了一系列引人入胜的器物案例研究，从钟表、家具、书籍到植物大黄，不一而足。然而，这本书及其作者的定位固守历史学科，不敢越雷池一步。在自己专业领域里从事写作和研究固然无可厚非，但问题在于如何能确保学术的沟通性和涵养更广泛的跨学科研究意识。大部头考古论著的叙事方式和撰写格式都高度理论化和过度技术化，虽然并非完全无法卒读，但这样的专著肯定会让外行望而却步。同样，作为分析焦点的器物类型，也会因学科不同而迥异。史学家和艺术史学家经常探究奇异文物，考古学家的废弃物、地图和风景画仍然是人文地理学的传统素材，而文本则是文学学者的自留地。在所有可能的领域中，这些有价值的或严肃钻研器物或将其完全情境化的视角都可以取长补短，酌盈剂虚，而这是任何一门学科都无法独善其身孤立实现的。

在"新物质主义"的大框架下，人们逐渐发现了一个新的跨学科趋同点，这是曼努埃尔·德兰达（Manuel DeLanda）和罗西·布拉伊多蒂（Rosi Braidotti）在吉勒斯·德勒兹（Gilles Deleuze）研究的基础上分别创造的术语。广义上讲，这些研究试图挑战启蒙二元论的知识遗产，即坚持人与物严格分离的思维范式，布鲁诺·拉图尔（Bruno LaTour）将其称为"净化"。在新物质主义旗帜下的学术，旨在解决思想与物质的不可分割性问题，或者说精神即是物质，而现实是人与非人的共同构成。器物为我们塑造它们自身，我们也为器物塑造我们自己。有时，发端何处、止于何方往往无可言表。吸烟是一种物质依赖的精神习惯，会在人体上留下鲜明的印记，比方说长期叼吸陶瓷烟斗在门牙上留下的凹痕、手指上熏染的烟渍或由此患上的改变命运的疾病。这些新的研究方法的基础还在于认识到器物从来都不是静态的，而是不断变化的。正如阿帕杜莱所说："从更大的社会活动轨迹视角来看，一切器物都只是凝固的瞬间。"当然，对博物馆文保员来说，器物的不稳定性不足为奇。他们用自己的职业生涯来维持这些凝固的时刻，持之以恒地努力调节光线、湿度和温度以防止器物分解成其组成材料。新物质主义方法或多或少承认器物的能动性并试图摆脱人类中心主义的观点。

新物质主义的取向从来就不是单一的，其中一种思潮便是侧重物与人之间递归关系的物质性[1]。蒂莫西·英戈尔德（Timothy Ingold）在论及网状结构时对此进行了深入阐述。另一种研究方法是考古学中所谓的对称法，即试图推翻人与物之间的关系，换句话说，认识到人与物都不占主导地位。在这个方法中，"器物"一词是不合适的，因为"器物"意味着一种静态的性质直至其成为人类施行对象或兴趣焦点。对称法在很大程度上借鉴了布鲁诺·拉图尔的行动者网络理论，但因其否认不平等权利关系的倾向而招致严厉抨

---

1 "新物质主义"概念最早由曼纽尔·德兰达和罗西·布拉多蒂于20世纪90年代提出，其重要理论主张之一是反对以二元论为主导的思想，从本体上转向物质，对消费地理研究中的"重返物质"进行了补充和超越，强调物质的能动性和动态性。——译者注

击。在诸如启蒙运动这样的时代，这种对权力关系的淡化可谓大逆不道。对此，在伊恩·霍德（Ian Hodder）的纠葛概念中或许能找到答案。该概念非但没有颠覆人与物的关系，反而将重点放在人与物之间互为依存而又往往不相对称的辩证关系上。霍德和加文·卢卡斯（Gavin Lucas）进一步发展了人与物关系中的不平等和非对称学说，指出"精英时常比非精英更纠结，因为他们掌握更多的器物，与物之间的关系也就更加繁复。同时，他们的纠结比那些非精英的纠结更为超脱也更难以自拔，因为他们可以把对这些器物的纠结转嫁给其他人"。

美国物理哲学家凯伦·巴拉德（Karen Barad）的能动实在论用另一种方法更全面地阐述了人与物的根本不可分性，其灵感来自尼尔斯·玻尔（Neil Bohr）的量子物理学。正如巴拉德所总结的那样，"认知和存在二者密不可分，相互关联。我们不是置身事外获得知识，我们对世界了如指掌，因为我们本身就是世界的一部分"。巴拉德的观点从根本上说是与二元论背道而驰的。她认为，"认识论与本体论的分离是一种形而上学的回响。它臆断人与非人、主体与客体、心灵与肉体、物质与话语之间存在着固有的差异"，这已经把她的立场表白得一清二楚。巴拉德所关注的是承认研究或知识创造的行为本身与行为的影响如胶似漆，因为不存在启蒙科学所预设的那种游离方式。

诸如物导向本体论和思辨唯实论等方法对器物生命动态性的认识又向前迈出了一步。这些方法承认器物不但在不断变化而且还有人类无法企及的一面。简·贝奈特（Jane Bennett）和唐娜·哈拉韦（Donna Haraway）对万物有灵论的新解与此盘根错节。贝奈特主张物质具有生命力，而哈拉韦则长期探索人与物、人与动物之间可以逾越的边际。比约纳尔·奥尔森（Bjornar Olsen）倡导对待器物要更合乎道德，认为器物也拥有某种形式的感知。对这些方法的批评深深植根于启蒙时代的遗产：首先，将器物和被殖民者一视同仁是对被殖民者经历的贬低；其次，这些将器物想象为能动的方法貌似是创新，实际上大量借鉴了许多为人所不齿的（源于殖民地的）土著本体论。

如何更好地研究和理解器物的生命力及其与人类关系的理论争鸣是动态的，没有显示出息事宁人或烟消云散的迹象，而这正是它应有的状态。本卷的作者从一系列不同的理论和学科方法中获得了自己的灵感。无论他们所持的物性存在论的立场如何，大家都以严谨的治学精神对物性存在论在共同构建启蒙时代的世界中所起的作用进行了认真探究。

商业资本主义的兴起与消费模式

不对资本主义的出现和随之而来的消费主义加以考量，就无法理解启蒙时代的人和物。资本主义是一种生产资料由私人占有并斥资以产生更大利润的经济体系。这是有关资本主义的最基本定义。那些没有投资能力的人必须出卖劳动力以换取薪酬。劳动和劳动者被视为具有交换价值的可转让商品。正是这一商品化过程与理解启蒙时代的器物息息相关，请见克里斯蒂娜·J.霍奇在本卷第三章中的详述。继人类学家艾戈·科皮托夫（Igor Kopytoff）的任何具有使用价值的东西都是商品的主张之后，阿帕杜莱进一步解释道，所有东西都具有"商品潜力"。资本主义的必要性和全球贸易的骤增都离不开科学收藏的思维习惯，即记录、保存与分类。正如约翰·加斯科因（John Gascoigne）所言，"欧洲资本主义弘扬了一种量化精神，这种精神成为看待和理解世界的一种较为普遍的方式"。

随着计量和估值系统的统一，启蒙时代的土地、资源和自然本身业已商品化。这种量化是通过地图绘制工程实现的。出于政治动机的大量地图制作是这个时代的特征。用伯恩哈德·克莱因（John Gascoigne）的话讲，设定特定地形的四至和边界，无论是英格兰中部、西非海岸，还是爱尔兰阿尔斯特省（爱尔兰古代四省份之一）的核心地带、美国切萨皮克海岸，旨在实现某种形式的"地图征服"，从而"标志着精神和政治上的占有"。地图工程建立在二元论框架之上。其中，土地、牲畜、河流和某些种类的人群被归于非人类，故而可以进行分类。这种分类为"他们实行统治、商品化和交换"提供了"道义依据"并成为上文所讨论的风靡一时的奴隶制改良和辩护思想的支撑。正如克莱因概述的那样，地图的文化力量"寓于看似浑然天成但却完全人造的形式之中，抽象的线条和符号系统轻松地模画出由物质、器物和不同形状构成的鲜活物质世界"。

鉴于地图的政治潜能，人们研究地图更多的是为了获取它们所传达的信息而不是它们自身的有形物质质量。这是一种可以理解的忽略，因为图像具有易于复制的属性，使得全球每个角落感兴趣的个体都能善加利用。然而，任何东西都无法替代实地观察。最近对美洲早期殖民地最著名的地图之一——英国约翰·怀特绘制的水彩地图《弗吉尼亚旅行图》（*La Virginea Pars*）重新研究后的发现便是一个例证。这张地图描绘了16世纪80年代最终失败的罗诺克殖民地时期的北卡罗来纳和弗吉尼亚的海岸线，上面还粘了两块贴片。然而，直到2012年人们才提出了贴片下面可能存在什么的问题。其中一块贴片下面隐藏着一幅星形防御工事图，这座防御工事位于一块以前人们认为尚未有人定居的土地上。也许那里从来没有殖民者落脚，但至少地图呈现了某种意图。只有将地图视为一个物体，这个谜团才会浮出水面。地图的物质性向世人呈现了它们的绘制者和使用者。细微的铅笔痕迹和涂抹之处以及前面提到的贴片，显示了地图经过精心绘制和最终着色的过程。标注、折痕、污渍和破损，说明人们使用这幅地图的频度，而保存在玻璃板下或深锁柜中的原始地图则通过对地图知识的秘而不宣或堂皇展示，揭示了地图作为主人地位标识所发挥的作用。当然，地图往往也会说谎，怀特的《弗吉尼亚旅行图》恐怕也难逃此嫌疑。防御工事真的由此得到保护了吗？还是一个夙愿未尝的初衷终遭掩藏？

地图是具有深刻有形后果的实物。在英国中部地区，羊皮卷上隐含所有权和经济愿望的抽象线条，通过种植树篱、修建石墙和拆除租户住房而在地面上得以宣示。其后续对日常生活的影响无论怎样评估都不为过，因为土地上判若鸿沟的分割和私有制的概念已经灌输进了许多人的头脑之中。正如马修·约翰逊（Matthew Johnson）所说，这种闭锁过程也可以通过一系列新的建筑特征（如大堂入口规划和较小封闭房间）直观地反映在住宅中，用于分隔和隐蔽活动。在本卷第六章中，艾德里安·格林对这一过程的探讨更进一步，指出建筑形式的变化也反映了社交距离的模式。社交距离也与贝弗利·斯特劳伯（Beverly Straube）在本卷第四章窗玻璃一节中讨论的日常用品有关。正如她指出的那样，玻璃窗的使用反映了建筑物内部平面图的许多相同变化，也折射出意识形态的不断变化。1600—1760年间，窗玻璃从一种稀有昂贵的商品演变为中产和精英阶层的标配。进而也导致今天的我们透过玻璃望向窗外而不是凝视玻璃本身成为司空见惯的事。这是技术进步使然。

使圈地运动得以开展的地图制作的公开政治性质并没有被忽视，也没有受到质疑。在地理学家布里昂尼·麦克唐纳（Briony McDonagh）看来，反对在大地上强加抽象、排他性格栅的抗议，从根本上说也是物质的表现。拆掉树篱，填平沟渠，所有这些都是通过使用铁锹、锄头和鹤嘴锄等现成农具来实现的，只不过这些农具被重新用于政治抗议。1607年6月，大约有1000人聚集在英格兰北安普敦郡抗议圈地。这次后人所称的中部叛乱，无论是从前景还是影响上看都堪称一场全球性运动。同年，切萨皮克地区的土著人意识到，随着英国殖民者在波瓦坦部落（亦称赞纳科马卡）腹地的波瓦坦河中的沼泽岛登陆，他们的土地正陷入一个他们并不熟悉的商品化进程。波瓦坦河被英国人更名为詹姆斯河，而这只是去除土著命名行为的开始，此后屡删屡改，直到近一个世纪后，这块弗吉尼亚殖民地上的英国人甚至不再承认他们所划的殖民地边界几乎与赞纳科马卡的边界重叠在一起。

当然，正如科林·莱恩在本卷第二章中所言，资本主义也推动了这一时期的技术创新。农业资本主义以利润最大化和创造盈余为目标，这不仅取决于农具还取决于生产所需能源利用方面的技术进步。莱恩指出，这一时代的风力与水力和马力相辅相成，相得益彰。科学实验加深了人们对流体力学的理解。新抽水系统的赋能，让矿井可以掘进得更深。工业过程依赖于生产能力的扩大，同时也提高了生产效率。尤其是冶金行业越来越离不开原材料的全球采购，无论是瑞典铁矿石、北美木材、玻利维亚白银，还是非洲黄金，概莫能外。1600—1760年间的考古成果也证实了全球通过陶瓷媒介对欧洲技术的影响。在诸如荷兰代尔夫特、英国伦敦、意大利北部和伊比利亚半岛这样的欧洲中心城市和地区所进行的实用和高档瓷器的大规模生产，旨在通过抄袭设计、试验颜料、釉料、泥膏和烧结温度以及公然的工业间谍活动，来仿造易碎且昂贵的中国和日本瓷器。虽然欧洲工业创新的高峰期晚于本卷所涵盖的时期，但类似1712年托马斯·纽科门（Thomas Newcomen）的常压蒸汽机的发明，奠定了接踵而至的工业时代的基础。在更普通的层面上，技术进步影响了炊具和窗玻璃等日常物品的性质和特征，详见贝弗利·斯特劳伯在本卷第四章中的阐述。

纵然近代早期资本主义的影响力持久深远，但它既不是一个绝对的过程，也不是一个全新的现象。20世纪中期，年鉴学派（法国一个史学流派）对资本主义的根源进行了探索并将其追溯到中世纪的欧洲特别是意大利的会计机构。北欧商品市场的扩张支撑了德意志汉萨同盟的活动，而对香料和瓷器等奢侈品的渴求，则使中世纪的欧洲对奥斯曼世界亦步亦趋。这个主宰地中海和亚洲贸易航线的辽阔帝国，鼎盛时包括土耳其、埃及、希腊、保加利亚、罗马尼亚、马其顿、匈牙利、以色列、约旦、黎巴嫩、叙利亚以及阿拉伯半岛和北非的部分地区。然而，从传统上讲，西方历史编纂学忽视并贬低了非西方经济的重要性。诸如埃里克·沃尔夫（Eric Wolf）代表作《欧洲与没有历史的人》（*Europe and the People without History*）的经典研究，主要关注新兴欧洲资本主义对世界各地土著社会的影响，将重商主义视为一股不可逆转的改变世界的全球力量。伊曼纽尔·沃勒斯坦（Immanuel Wallerstein）根据安德烈·冈德·弗兰克（Andre Gunder Frank）的依附理论构建了他的世界体系论，更准确地阐述了这一进程通过核心国家与其周边附属国之间的不平等贸易关系而发生（比如，烟草和糖等原材料来自美洲，在欧洲加工后返销原产地），这一模式的绝对性容不得本土独创，也会将相继出现的其他可替代经济模式置之度外。

尽管资本主义根深蒂固，但它并没有完全取代其他形式的政治经济，而是与其他经济形式并存。如，17世纪早期阿尔斯特的英国殖民者，踌躇满志地要把爱尔兰盖尔人从畜牧业经济转型为商业资本主义，但他们似乎顺应了盖尔人畜牧业经济而没有按照种植园条例强推农业主要作物。在西班牙殖民地世界，新生的资本主义观念与新世界土著社会（如玛雅社会）已有的交换与价值的层次体系既有趋同点，亦有分歧点。位于非洲和印度沿海的欧洲贸易中心，完全依赖于现存的当地层次体系和贸易路线。英国、荷兰和丹麦的各种海外公司的员工在他们的城堡和要塞内部可能实行的是资本主义那一套，但他们也得入乡随俗。资本主义价值体系和伴随而来的消费行为的不完全渗透，即便在大英帝国的核心地带也都昭然若揭，贯穿整个17、18世纪，爱尔兰北部和苏格兰群岛偏远农村地区制成品匮乏就说明了这一点。

欧洲资本主义也不是第一个超越地域界限的经济体系。埃里克·沃尔夫的上述学术成果很快就遭到了珍妮特·阿布·卢格霍德（Janet Abu Lughod）的反驳。她详细阐述了中世纪亚洲经济交流的范围、复杂性和持久性。正是这些经济联络催生出了近代早期全球贸易联系，见证了（仅举两个例子）中国瓷器远渡重洋来到位于南非好望角的荷兰人小定居点，也见证了巴西鸟羽头饰从一个土著小村庄跋山涉水进入德国普法尔茨领地索菲公主的珍奇柜。正如弗朗索佐（Françozo）所说，羽毛制品"是殖民地背景下土著物质文化转型和再创造的象征。事实上，美洲各地土著社会一度生产和使用羽的毛制品，在1493年以后很快进入了巨大的物质交换网络"。巴西的羽毛制品与乔纳斯·莫尼·诺丁（Jonas Monié Nordin）在本卷第八章中所探讨的萨米人器物有着共同点。如他所示，北极地区的土著民族与新世界民族一样分享了同样的冲动。除了南美羽毛制品、北美弓箭、中国瓷器、非洲雕像以及林林总总的器物之外，假设没有萨米鼓和驯鹿角匙的装点，任何一个珍奇柜都谈不上充盈丰富。诺丁进一步研究了建立我们今天仍在使用的生物有机体分类体系的瑞典学者卡尔·林奈所拥有的物品。它们既反映了启蒙时代盛行的意识形态，又润物无声地提醒人们土著人对科学分类法演变的影响。

凯蒂·巴雷特在本卷第五章中进一步探讨了奇珍异宝的交流和珍奇柜所扮演的文化角色。在对时代艺术思考的同时，她还对艺术世界日益商业化的趋势给予了格外关注。巴雷特利用艺术家威廉·荷加斯因（William Hogarth）他人非法复制其教化绘画而提起的诉讼案，证明了艺术创作和消费、版画制作技术的发展以及社会各阶层对视觉艺术的日益渴求之间的相互依赖关系。正如诺丁在本卷第八章中进一步指出的那样，新世界商品在欧洲广泛流通，不仅填满了珍奇柜，还成为日常的必需品，以及供人们偶尔放纵一下的稀罕物。西红柿、玉米、土豆、辣椒、豆类、南瓜等蔬菜，当然还有糖以及新世界的火鸡等食品，都已经屡见不鲜。精英阶层餐桌上摆放的饮料，有非洲咖啡、中国茶和南美洲巧克力，还有最早在印度精制，后在殖民地特别是美洲广泛种植的蔗糖。每一种奢侈食品或消遣商品都需要独特的物质文化组合，才能进行恰如其分的消费。长期以来，这些物品一直都是作为出土文物、展会展品和欧洲风俗画描摹的对象被人们所研究的。在本卷第五章中，凯蒂·巴雷特进一步探讨了17、18世纪西方风俗画的范围，特别关照了荷兰风俗画高调渲染日常场景中殖民地器物的存在方式。玛丽·C.博德瑞在本卷第一章中还提请读者注意，对此类器物的描绘也激发了人们的占有欲。

作为全球历史转折的一部分，人们越来越认识到非西方的影响。"17、18世纪拉丁美洲的物质文化，不仅表明了西班牙和葡萄牙的影响……还显示了前哥伦布传统和来自丝绸与瓷器之国——中国的作用……以及供应各种棉织物的印度的浸染。"乔·奥·列罗（Giorgio Riello）用"杂交性"一词来对此加以描述。因循考古学家提出的论点，在下一节讨论中列罗还指出，让此类进口商品转身成为本地制造，为所有者创造了"全新的器物意义"和"杂交身份"。器物和思想的流动及其转化，无论是在殖民地还是在宗主国，往往混淆了器物的出身。亚洲作物茶叶现已成为英国化的代名词，而南美洲马铃薯业已成为对爱尔兰人众多刻板印象的源头，二者堪称经典案例。

对非西方奢侈品——包括烟草、咖啡、茶和巧克力等具有多元物质组合的消遣商品——的渴望和日益增强的可获性引发了人们的广泛忧虑。在西北欧，最初消费道德引起了火爆的争论，尤其是那些被视为奢侈品的物品，但到了17世纪末辩题出现逆转，人们开始认为消费奢侈品是品味和成熟的象征，是社会经济健康不可或缺的组成部分。卡尔·马克思（Karl Marx）后来谴责了奢侈品生产中人为因素被商品交换价值所掩盖的过程（他称为"商品拜物教"），而皮埃尔·布尔迪厄（Pierre Bourdieu）则在其经典著作《区分》（*Distinction*）中以马克思对商品拜物教的分析为基础，探讨了消费在维护精英权力结构中所起的作用。这是学术界至今仍在孜孜不倦探究的消费研究主题。

对西方消费的研究深深植根于历史学科。布尔迪厄强调了消费与权力之间的关系，而经济历史学家扬·德·弗里斯（Jan de Vries）则强调了所有社会阶层都参与了消费，认为全民对消费品的如饥似渴，在1650—1750年间推动了一场"工业革命"，家家户户都加入劳动大军，进而助长了如日中天的消费主义。在人类学领域，玛丽·道格拉斯（Mary Douglas）和巴伦·伊舍伍德（Baron Isherwood）合著的《商品世界》（*The World of Goods*），首次将消费经济和文化视角合二为一，丹尼尔·米勒（数码人类学者）的研究就是这一学科的重点转移的例证。米勒的研究从德·弗里斯的视角出发，重点关注社会各阶层中的个人在身份塑造方面驾驭器物的能动能力。在本卷第一章中，玛丽·C.博德瑞深入探讨了启蒙时代的人格与一众器物日益相互依存的方式，其中包括一些二手奢侈品。简言之，消费主义和消费具有社会和文化意义。此外，1600—1760年间，消费品的流通和过去的外来商品向日常商品的转变与殖民主义和殖民扩张进程密切相关。因此，下一节将特别关注器物在殖民地遭遇中的作用。

殖民地的器物

无论过去还是现在，殖民主义在实施、表现和影响方面都是极其物质的，或者用克里斯·戈斯登（Chris Gosden）的话说，"殖民主义及其价值观总是与物质文化盘根错节"。就本卷而言，启蒙时代的殖民主义者手伸得也很长，将殖民地物质化的努力丝毫不亚于欧洲本土，详见乔纳斯·莫尼·诺丁在本卷第八章中的阐述。认清这一点至关重要。近年来，对殖民主义本身的研究不仅视域更加宽广，而且变得更具批判性，主要是对与传统殖民遭遇叙事抵触颇深的物证进行考证。正如尼尔·费里斯（Neal Ferris）、罗德尼·哈里森（Rodney Harrison）和迈克尔·威尔科克斯（Michael Wilcox）所言，对殖民地遭遇的探究代表了一种"对'被理解为'土著和欧洲互动历史的一贯的、持续的解释性修正，剥茧抽丝般逐层扒开了过去500年间考古文献中记载的考古学家们的'正确'历史预期"。从以欧洲中心说的视角转向认真研究殖民地环境中土著人的行动和战略适应使得对器物的重新解读有了可能，更为重要的是让学界听到了当下土著学者发出的声音。

这一转向在很大程度上归功于20世纪中叶后殖民思想的发展。非洲、印度和加勒比海地区的去殖民化带来了对殖民遭遇的内涵和余孽的新认识，因为以往的殖民地人民都是通过挑战和重塑过去来希冀国家的未来。1978年，哲学家爱德华·赛义德（Edward Said）出版了他颇具影响力的著作《东方学：西方的东方观》（*Orientalism*），令人们认识到西方国家通过将非西方人定性为"他者[1]"，而把从属地位赋予并继续强加给他们。尽管存在殖民地经历的复杂性以及殖民地遭遇的各种文化和社会的多样性，但占主导地位的一方所把持的权力，却依赖于殖民者与被殖民者的对立结构。正如赛义德所解释的那样，这种二分法结构依赖于"观察者的权威和欧洲的地理中心

1　他者，是西方后殖民理论中常见的一个术语，相对于西方人主体性的"自我"，殖民地的人民被称为"殖民地他者"，或直接称为"他者"，这一概念实际上潜含着西方中心的意识形态。——编者注

地位，对此构成撑持的中心话语，将非欧洲人贬低并囿于从属的种族、文化和本体论地位"。对殖民遭遇观察得越细致入微，貌似简单的殖民者–被殖民者结构就越不堪一击。文化从来就不是静态的边界实体。

此外，前文讨论的一系列理论方法都共同寻求解构二元论，而殖民主义的考古学研究深受其扰。从殖民者与被殖民者之间的鲜明二分法中走出来，能让人们有机会更多地研究那些交集和模糊空间，并鼓励人们更愿意承认殖民行径的混乱性，其中没有任何项目是成功实施的，而个人行为可能会产生意想不到、始料不及的后果。因此，后殖民思想与各种新物质主义思潮的影响相结合，形成了当前殖民主义考古学的研究方向。这种学术转向业已从注重研究统治系统和结构如何决定和控制被殖民者日常生活，转变为拒绝本质化分类，探索殖民结构如何可以被颠覆、逾越或者被那些自身身份不断变化的个人蓄意操纵。殖民地空间是动态的，充斥着焦虑、侵略和残暴，同时也充盈着创造力，即使在由极不对称的权力结构所支配的环境中也是如此。从固有的殖民者和被殖民者二分法中超脱出来也能让人们更多地研究、承认和探寻那些生活在二分空间之间的群体。

但在考量器物在殖民主义研究观念转变中的作用之前，有必要说明本卷中对殖民主义一词实际含义的界定。德国学者尤尔根·奥斯特哈默（Jürgen Osterhammel）开宗明义地将殖民主义定义为一种与旨在获取领土的殖民地化不同的统治体系。作为一种统治制度，殖民主义对社会中统治者和被统治者的影响不相上下。奥斯特哈默的定义适用于跨越时空的殖民主义，也适用于启蒙时代殖民主义的研究。这一时期，通过殖民地、奴隶贸易和日益增强的经济渗透，欧洲权力扩展到了全球。无论以何伪装示人（定居点、战争、贸易中心、贩奴船），启蒙时代的殖民主义在其企图、表达和实施方面都极其物质化。

如前所述，殖民图谋和殖民地财产通过地图和象征性地竖立实物标记实现了物质化。又如1969年美国宇航员登上月球时升起美国国旗一样，近代早期探险家也使他们的愿景实现了物质化。苏珊·布鲁姆霍尔（Susan Broomhall）指出，1616年荷兰航海家德克·哈托格（Dirk Hartog）刚一登陆，便以他的名字命名了西澳大利亚海岸外的一个海岛。荷兰东印度公司依据钉在岛上一根柱子上的雕刻锡盘，曾野心勃勃地向澳大利亚提出领土声索[1]。80年后，重新发现的锡盘又激起荷兰人索回锡盘所有权的念头，但没能如愿。

器物被有意识地用作殖民统治的工具。如前所述，城市规划和建筑物通常都是主观刻意设计，以使居民以特定的方式行事。因此，建筑环境也得到利用以助力殖民环境中的改造和征服。鉴于英式建筑在新英格兰殖民地印第安人保留地中所起的作用，历史学家艾利森·斯坦利（Allison Stanley）认为，"营造英式建筑意味着思想上的根本改变，不仅能改变对场所和地产——这些房屋可以世代继承或出售，而印第安人棚屋却无法企及——关系的思考，还能改变对社会关系的思考"。她在解读纳提克地区英式建筑时称，土著人对英国建筑形式的理解和应用伴随着"大相径庭的家庭生活和社会空间"。换句话说，建筑是一种行之有效的殖民利器。

---

1 声索：即声明索取。根据国际法的规定，为了表示本国对某一地区的主权而发出声音，索取该领土的主权，是为"声索国"。——编者注

虽然文献记载支撑斯坦利对殖民地建筑功效的解读，但考古记录却表明她没有涉猎的历史更加复杂。对印第安人保留地马贡卡库格（Magunkaquog）的挖掘集中在一个巨大的带石头基础的建筑物上，其形制当然体现了英国的建筑理念。相关出土器物也以进口陶瓷、玻璃和金属器具等欧洲产品为主。然而，在该建筑的每个角落，施工时都安放了石英水晶。正如考古学家们总结的那样，"当建筑落成时，土著人这一历久弥坚的古老传统便融入到建筑物中，而英国观察家可能会将其视为与建筑的分庭抗礼"。马贡卡库格的尼普穆克人（印第安部落）分明将英式建筑和器物兼收并蓄进他们的物质集合中。然而，这并不意味着殖民者通过器物和建筑来胁迫变革的努力一定会获得成功。这些水晶表明了对古老传统的恪守，但更重要的是，尼普穆克和其他印第安部落显然通过新的器物和空间保住了自己的身份感，而并不是去无视它们。正如尼普穆克考古学家雷·古尔德（Rae Gould）令人信服地指出的那样，"土著人的传统确实发生了变化，而且必须首先去创造……难道敞开怀抱接受新鲜做法的部落群体，会因为认同了与往昔毫不相干的传统就丧失掉自己的乡土本真吗？"

和建筑物一样，服装是殖民列强在企图统治和"教化"被殖民他者的过程中御用的另一种工具。在近代早期欧洲，禁奢令详细规定了与阶级、地位和种族相匹配的颜色、布料和装饰品。假设服装反映了更深层次的文化特征的话，那么人们完全可以以"衣"取人。人们仍然把衣服视作个性的象征就是这种心态在作祟。在殖民地环境里，人们认为服装在创造和塑造恭顺臣民方面特别奏效。在泰伦斯·马力克（Terence Malik）2005年拍摄的电影《新世界》中，他捕捉到了这一塑造过程的物质性。他描写了波瓦坦部落儿童波卡洪塔斯摇身一变成了丽贝卡（她的基督教名），轻便的鹿皮衣服和软皮平底鞋换成了英式笨重木底鞋、紧身羊毛裙和紧身胸衣。这套新行头令她在破烂不堪的詹姆斯堡的泥泞中趔趔趄趄，连走路都困难，更不用说跑起来了。

由于人们认为服装具有展示自我的能力，因此在殖民地环境中服装也成为人们的焦虑之源。被殖民和皈依基督教的臣民（如波卡洪塔斯）通常被隐喻为"裸体"。但是，人们情愿相信衣服不仅能教化穿着者，还能展示真实的内在自我，因此人们认为服装可能被挪用和颠覆。换言之，服装可能成为蓄意殖民的工具，但此举并不一定能够得逞，详见戴安娜·迪保罗·洛伦（Diana DiPaolo Loren）在本卷第七章中的阐述。洛伦援引一些殖民地变装的例子，特别关注了英国和法国北美殖民地的土著演员出于自我意识的目的穿着欧式服装的方式，而这些意图经常遭到欧洲观察家的误读。阅读在服装或其他物质文化形式上的身份编码的想法往往无法得到满足，毕竟器物具有可塑性和多价性，能够同时包罗多种含义。所谓的邓吉文服装便是一个典型的例子。这是一套17世纪早期的羊毛服装，于20世纪50年代在一片沼泽地里发现。虽然这套衣服是同一个人身上的，但它却体现了三种不同的服饰传统，分别是爱尔兰斗篷、苏格兰格子花呢上衣和英国紧身上衣。着装者是什么身份？人们会如何看待这个人？

邓吉文混搭套装固有的模糊性进一步引发了理论上的关切，即如何在殖民身份的调和下更好地解释物质意义。曾几何时，人们相信物质文化的变迁标志着、事实上促成并强化了文化移入过程，也就是说一种文化的失落和另一种文化的接纳。这是一个颇为简便的公式，能使学者们通过分析欧洲与土著器物的比率来评估文化缺损的程度。它基于一个虚假推定，即欧洲器物总是优于其他形式的技术。然而，文化与器物的交流和碰撞并非如此简单，也不是那么直截了当。陌生的器物广泛传销，但它们并没有将自己的意愿强加给不幸的受众，而是在现有的文化理解和需求条件下得到安置。在本卷第三章中，克里斯蒂娜·J.霍奇（Christina J.Hodge）从硬币和贝壳串珠等通常认定的经济器物的多价含义角度进一步探讨了这个议题。器物可以有选择地加以利用并以务实和创造性的方式纳入现有的物质集合。

在研究身份转变形式及其物质参照物时，有一系列理论框架可资借鉴。如上所述，文化移入是从被殖民者走向殖民者的一条单行道，行走的是失落。相比之下，克里奥尔化（creolization）的框架则更多地关注从一系列组成部分中涌现的新生事物。例如，凯瑟琳·迪根（Kathleen Deagan）主张，土著妇女在西班牙属佛罗里达混合饮食习惯与家庭经济的形成中发挥了核心作用。对不同宗教融合的检视也强调新宗教形式构建中的创造性，而拼贴则往往侧重于多样性而非创造性统一。与后殖民理论家霍米·巴巴（Homi Bhabha）关联度最高的文化杂交，也允许创造性适应，但强调模糊性和多视角的存在并为研究拟态、模仿以及模糊性提供了空间。通过文化杂交视角检视的器物显示出它们自身能够经受住反复的解读和误读。拥有不同背景的个体之间共享的物质文化看起来并无二致（再想想无处不在的烟斗），但参照系会因文化背景和个体生活阅历的不同而存在差异。在本卷第四章中，贝弗利·斯特劳伯从这个角度对铁锅进行了探究。这种俯拾皆是的日常器物可以用来烹饪欧洲、西非和美洲土著人的家常一锅煮，用以取代或补足西非和北美土著人熟视无睹的陶瓷炊具。在铁锅里，不同的调味品和配料理念可以在这一跨文化空间中交融，进而创造出新的烹饪方式。正如戴安娜·迪保罗·洛伦在本卷第七章中所探讨的那样，随身器物，特别是衣服、烟斗和卫生用品，都在这些模糊空间中游走，能立竿见影地反映出极其个性的东西，同时还能鲜明地揭示出通常都是剥削性的全球消费模式。

马修·利伯曼（Matthew Liebmann）在研究西班牙殖民统治时期普韦布洛人（美洲土著）生活的转变时有效地运用了杂合说。他特别关注了新墨西哥州朱塞瓦·普韦布洛的两件17世纪器物，这两件器物均反映出了普韦布洛和西班牙的影响。第一件是为基督教礼拜而设计的陶瓷圣杯，但采用的是赫梅兹（Jemez）黑白陶器风格；第二件是一幅壁画，描绘的是传统的普韦布洛人的克奇那人偶（kachina）和能使圣玛丽亚产生共鸣的欧洲化的克奇那人偶形象。在普韦布洛印第安人的这些物质表达中，我们可以看到对西班牙习俗的嫉妒和嘲弄，特别是在普韦布洛起义之际，西班牙的传教活动荡然无存，天主教吃了印第安人的闭门羹。无论这些创造出来的物质形式的背后隐匿着什么原始动机，它们都会引起人们的反响，也不可避免地引发人们的猜测，不仅仅是关于意义和意图，还包括那些使用圣杯或观摩壁画的人发现自己所受到的影响以及他们选择如何去解读自己的体验。

普韦布洛人的例子提醒我们，殖民地的情况千差万别。库尔特·乔丹（Kurt Jordan）认为，"文化交流与冲突"的概念可能比殖民主义更适合于研究和理解某些类型的殖民遭遇，而这些遭遇并没有伴随着被征服民族的全盘更换或大规模迁移。当然，没有大量外国人涌入定居的遭遇区也是如此。这一点从乔丹和费里斯对加拿大中西部土著民族的控制与英法贸易的性质和范围所进行的有益探索中可见一斑。

在更广泛的殖民主义背景下，这种有条件的交流与冲突并不局限于北美。虽然西班牙在整个美洲土地上实行的是一种高度组织化的征服和统治模式，但具体执行起来却相当随意混乱。例如，马克辛·奥兰德（Maxine Oland）把在中美洲伯利兹（Belize）玛雅腹地的西班牙人说成是"迷失在玛雅人中间"。他们图谋强推一种新的经济制度，但到头来却完全依赖于当地精英，进而依赖于当地物质文化。在地球的另一边，葡萄牙和荷兰将基督教强加于日本的努力，在德川幕府统治时期遭到了决绝的抵制。1645—1854年，日本锁国政策严格限制了对外交往。与此同时，日本人允许荷兰东印度公司在长崎出岛设立贸易站进行交易。荷兰东印度公司由此充当了日本商品（如黄金、白银、黄铜和瓷器）与印度丝绸和棉花交换的中间商。尽管有人为施加的限制，但商品仍在流通。

结论：启蒙运动的遗产

本卷乃至《透过器物看历史》全书都表明了启蒙思想历久弥坚。器物是根据其类型和意义（日常、异域、工业等）来加以组织的，这与林奈试图通过分类法和双名制命名法来创建自然世界秩序的方式非常相似。我们希望从功能和目的角度入手，也能方便对器物的描述。经济器物并不意味着是具象的人工制品，舶来品也并不一定是日常用品。然而，正如我们在本卷中对所有案例进行的分析那样，器物通过对抗简单的分类而蔑视我们的启蒙传承。由此产生的问题不在于器物，而在于我们想要控制、限制它们的效力，淡化它们的功能可见性。在接下来的章节中出现的器物是任性、多价和广义的。通过多维内蕴的探索，我们可以重新推敲启蒙时代对人与物之间关系的理解，并借此重新定位、重新思考这一充满活力但又颇为矛盾时期的物质遗产，因为它们仍在建构着我们21世纪的日常生活。

第一章

器物性

启蒙思想与不平等分类

玛丽·C.博德瑞

引言

　　启蒙运动将人们引入了器物时代，这种说法恰如其分。此间，"林林总总的哲学家、艺术家、科学家和文化评论家用全新的视角对日常生活中不断变化的物质细节给予了关注"。随着赋予器物以意义的文化和知识框架的变迁，器物的历史用途和意义也相应发生了嬗变。"对艺术与科学加以分门别类，是启蒙运动的一大特色……而这种分类，若做不到与18世纪涌现出来的大量商品和手工艺品的生产、销售和流通水乳交融，也只能是纸上谈兵。"这是分类的时代，也是收藏的时代，不仅收藏奇珍异宝，还以百科全书和汇编（图1-1）的形式珍存资讯和资料。器物和客观性的崭新概念，通过外化和再内化的辩证过程，催生出了广泛的器物客观化和人格物化。外化包括"创造'他者'或'客体'，这使得自身能够进行自我定义……主体相对于对立的客体来加以定义"。再内化（扬弃）涉及自

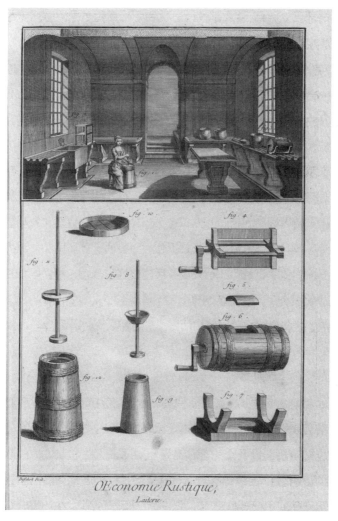

图1-1 《科学、美术与工艺百科全书》(*Dictionnaire raisonné des sciences, des arts et des métiers*)中有关"乡村经济"乳品场的一幅插图,描绘了一个正在搅拌奶油的孤独女人。图的下半部分是对筛子、撞击搅乳器以及桶式搅拌器组件的细节描摹。选自丹尼斯·狄德罗(Denis Diderot, 1713—1784)编撰的《科学、美术与工艺百科全书》(巴黎, 1751—1765),哈佛大学霍顿图书馆藏,版权公有

外而内地重新阐释："人不仅使自然物发生形式变化，而且还在自然物中实现自己的目的。"

启蒙时代，近代早期社会出现的影响深远的事件及其历史进程对通过人格物化来定义和表达自我与人格的新方式起到了推波助澜的作用，其中就包括全球化和资本主义的兴起，进而导致了前所未有的跨越疆域和漂洋过海的互联与互动。从全球奢侈品贸易中赚得盆满钵满的欧洲统治者和商人，热衷于探索性的冒险活动，以觅得一条穿越美洲大陆通往东方的险途。虽然无功而返，但这些探险之旅在世界各地孳生出了殖民剥削和帝国开发行径，还导致大型种植园和农场在美洲部分地区及其他地方蔓延开来，迫使被奴役的土著居民和非洲人躬耕垄亩，而在这一过程中，被贩卖奴隶的境遇与器物无异。本章将就全球化、国际交往、跨洋贩奴和个人人权观念的觉醒如何影响启蒙运动时期人们重新定义自己和器物的方式进行深入探讨。

第一个全球时代

20世纪70年代以来，物质史学家始终关注着物质文化和物质生活。随着80年代眼睛向外的"全球转向"，历史研究开始专注于器物的全球轨迹，以及全球奢侈品贸易对欧洲大陆和殖民地的欧洲人生活的影响。17世纪，阿姆斯特丹成为"欧洲各地商品、奢侈品以及亚洲产品的主要转口港"。阿姆斯特丹商人从荷兰东印度公司的巨大仓库里购进大量商品，然后在奢侈品商店销售一空。荷兰东印度公司还举行公开拍卖会。不过，人们还有另外一种途径搞到充满异国情调的舶来品，那就是二手货交易。如今，历史学家们认为此类交易是近代早期一种非常重要的零售形式，把个人身份和二手消费紧密联系在一起。特雷西·兰德尔（Tracey Randle）研究了二手购买模式如何使运用不同经济手段的群体的新身份构建成为可能。荷兰东印度公司在南非开普[1]殖民地的自由市民，此前均为该公司的雇员，曾获赠大片土地。他们有意购买商品来补贴家用，装点门面，借以"昭示他们新的社会地位和地主身份"——恰适的商品对这些自由市民维护其出人头地的身份和地位来讲不可或缺。"在拍卖会上购买商品的行为本身，就可以视为一种公共身份建构的形式"，因为购买者参与公开拍卖，可以有机会混迹于精英人士圈层，说不定还能耳濡目染，学个一招半式。兰德尔得出的结论是：

> 二手商品的销售和倒卖，对经济状况欠佳的人固然重要，但对殖民地社会上流人士也必不可少。在开普，能用上"新潮"消费品算不上什么"现代"，而能买到最豪华的二手货才令人艳羡。

有鉴于此，购买曾经给富裕之家增色不少的二手奢侈品，令那些没有足够财力的人能效仿买得起新品的有钱人，并以实物形式向世人炫耀，他们也拥有富人所具备的超凡品味和脱俗气韵。

肥马轻裘的荷兰业主把印度和中国的纺织品、中国瓷器以及贝壳、兽角、玛瑙、矿石和珍珠等稀世之宝陈列在精致的橱柜中作为家庭装饰。由于亚洲器物供应渠道畅达，"奢侈文化"在17世纪的阿姆斯特丹（以及欧洲其他地区和殖民地）风靡开来。昔日摆阔显富的主要手段（如果不是唯一手段的话）是拥有黄金、白银和宝石，如今和器物的价格比较而言，人们更加"注重其工艺质量或较为抽

1　开普：南非西南部省份，全称"好望角省"，首府开普敦，1994年被拆分为北开普省、西开普省和东开普省。——编者著

象的意义概念"。"亚洲进口商品的感官和视觉诱惑",滋生出了新的品味和消费形式,进而产生了通过器物展示自我和人格的新法。从这个意义上说,我们可以将人格物化视为更大层面上的趋从过程的一部分。17世纪后的荷兰肖像画和静物画细致入微地描绘了异域的稀世珍品,如丝绸、瓷器、来自印度洋和太平洋的贝壳、香料、辣椒以及茶。画作中的亚洲精美器物,能充分展示主人不同凡响的品味和鉴赏力,而那些画不起肖像或购置外国商品(更甭说收藏这些东西)的人,虽说无法像富人那样买进外国最新奢侈品或委托画像,却可以尝试那些二手货,亦步亦趋地小心模仿。

一些学者将不断演绎的人格概念与新时兴的生产习惯和劳动力规训联系起来,而这些习惯和规训则通过礼貌行为、就餐礼仪和拥有相搭配的餐具融入自律能力。如夏克尔(Shackel)曾对18世纪美国马里兰州安纳波利斯出现的自我驯服问题进行过研究,侧重时间方面的规训。他通过审视与时间和空间的分割及测量(时钟和科学仪器)有关的器物,以及"正式分类的餐饮用具",指出这些器物与新的行为密不可分,"导致诸如沙拉、主菜和甜品截然分开的做法。这些专门的餐具将正餐分成若干个有机组成部分,进而亦将用餐者区分开来"。他的分析着重强调了器物作用于人的方式,以及器物在塑造人格和个体方面所起到的作用。这种阐释当然有一定道理,但它忽视了人/物之间的关系以及身份表现中人与物的瓜葛和牵连。

晚宴,甚至不太正式的餐会,都具有器物、环境与饕餮食客(和表演者)浑然一体的演出特点。有时,人们用餐场所的装饰俨然就是一个戏剧空间。艺术历史学家克劳迪娅·戈尔茨坦(Claudia Goldstein)通过书信、绘画、库存清单、为餐厅设计的桌上游戏,甚至是陶罐上的图案，探讨了16世纪比利时安特卫普富裕精英们举办的晚宴的意义。她由此推断，罐上和画中对农民参与节庆活动的描绘，凸显了一种重要的寓意，主人和食客们借以确立自己在当代社会中的地位。

宴会之际推杯换盏，觥筹交错，整个用餐空间瞬息活跃起来，阶级差异、表演者和观众之间的区分、艺术与社会生活之间的区别全都受到了挑战。宴会，即便只是在那一时段，却也改变并挑战了餐厅的物理空间，营造出了一个戏剧化的、界限分明的终极安全之所，让城市精英们去体验社会经济差异和他人的苦辣酸甜。

"包括观众和表演者在内的整个宴会"，其呈现都是朦胧模糊的，"因为将其与剧院和日常生活分开的界限设置是随心所欲的"。宴会上，客人们傍人门户，即使他们对宴会场所并不陌生，因此，可以将他们视为"参与宴请聚会仪式同时观摩主人及其家人和家中一切的观众，而主人及其家人，甚至房子和家装都成了表演者，服务人员则充当了其中的配角。不过，客人们也有表演的义务，让主人和其他客人尽兴，以证明应邀赴宴者自身的价值"。

E.C.斯帕里（E.C.Spary）研究了"食欲、真实性、宴会上食物与食客的操控和变化"。她认为，18世纪法国食客制定和实施的启蒙原则，分明旨在让自己看起来像是个开明之人：

饮食和身份之间的关系充满了模糊性。一方面，餐饮行为是人为之举，餐桌礼仪掩藏的是内在本质，恰似在新式烹饪中，厨师的任务是去除单个配料的特性一样；另一方面，人们认为饮食习惯通常应显示真实的内在本性，要么暴饮暴食，要么暴殄天物。

有鉴于此，真实性，或者说人们自以为的真实，是启蒙运动与当代人格的一个重要方面。它可能算是"内在本性"，但它必须通过适当的行为和恰当的器物外化于行动表现出来。

然而，并非所有的宴会都融洽协和，也并非每一场宴会都能做到去伪存真。道恩·哈德利（Dawn Hadley）研究了"林林总总的宴会的社会危害性"，指出精英餐饮的物质文化有时或许会令客人陡生挫败或蒙羞之感。食客们可能会应主人要求参与如前所述的桌上游戏，或尝试用七巧壶（puzzle jug，一种带孔眼的壶，如找不到"窍门"，怎么喝都会是酒）喝酒，抑或破解餐桌摆件的意义，如诳人食品（非食物样貌的东西）。它们都含有一定的政治或社会信息，有的装饰甚至有违背公序良俗之嫌，旨在向食客们传递如何以符合主人社会地位的方式行事的暗示。

通过器物，人们扮演并重新扮演他们在家庭生活和私人生活中的社会角色，同时融入全球和地方层面上的互动与联想。把来自亚洲和美洲的遥远生僻、异国情调的食品端上精英阶层和普通百姓家的餐桌，恰好满足了18世纪欧洲各国政府的需求，使领导人能有机会将启蒙原则应用于国民经济。这与马铃薯等特定食品与人口和政治经济的相关性有很大关系。丽贝卡·厄尔（Rebecca Earle）探究了欧洲各国政府大力推动全体公民种植和消费马铃薯（一种引自新世界的块茎植物）的案例："人口中个体成员的健康，与国家及其经济的整体健康和稳定息息相关。"由是，这种普通至极的食品物化成为一种国家工具。对此，厄尔总结道：

如果想了解18世纪的治国理政之道，我们需要关注的重点不应仅仅停留在城市规划辩论、军事改革、疫苗接种或数据统计上面。我们还需要对日常活动的意义予以考量，比方说在新的治理研究框架内，饮食便进行了重新概念化。将马铃薯征服欧洲餐桌的缓慢历史与18世纪末叶推广马铃薯的疯狂实践结合起来看，就足以说明普通饮食习惯在启蒙治国模式中所发挥的核心作用。

物体情境与大西洋贩奴贸易

在新兴资本主义世界中，人格物化最典型的表现是将人转变为可量化的器物，以与商业精英们经营的商品相同的条件进行交易。在16至19世纪大西洋奴隶贸易期间，35000多次越洋航行将至少1250万非洲人运送到美洲。换句话说，只有将被掳掠非洲人的肉体人格物化为次人类或非人类般的货物，这种贸易才有可能成为现实。欧洲人对非洲人的人格物化，不仅使他们能够将非洲人视为商品，还故意忽视丰富的非洲文化的种族和宗教多样性，将他们大而化之地全部归类为非洲人，"最终对白人世界和黑人世界之间关系的原始系统化产生了影响"。欧洲白人世界的扩张和对全球权力的追逐，导致普遍存在的奴隶制嵌入国际关系和种族化进程，"某些恶果仍在当今世界神出鬼没"。

18世纪，荷兰加尔文宗牧师法连丹（François Valentijn）称贩奴是"世界上最古老的贸易"。他同时指出，17世纪之前和期间荷兰人在印度洋的奴役行径劣迹斑斑。就那些深深卷入大西洋奴隶贸易的国家（葡萄牙、荷兰、英国、西班牙、法国）来讲，情况并不尽然。当时，为了回应美洲殖民地对强迫劳役的需求，贩奴贸易从一种周期性的活动一跃成为一种全方位商业行为。贩奴是一项业务，业务就需要记录。历史学家大卫·埃尔蒂斯（David Eltis）及其同事最近对其中许多记录进行了追踪，并将其系统地整合到一个可检索的数据库中，挂靠港、交货港、人货数量以及1514—1866年间的其他信息都有详实列表。科学民族主义的启蒙运动原则被应用于记录奴隶贸易，通过与非洲人接触收集新的自然和医学知识的18世纪科学家，也让科学民族主义派上了用场。博物学家们发表的科学论文经常被引用，旨在为基于种族的奴隶制和经久不衰的大西洋奴隶贸易洗白。正如丽贝卡·厄尔所指出的那样："支撑大西洋世界近代早期知识体系的分类，涵盖了植物和人群，反映出人们对超越科学和治国方略之间的分歧、建立公序良俗的渴望。"

大西洋奴隶贸易的范围和规模，对留在非洲大陆的民众和那些在中间航道渡尽劫波后幸存下来的被掳掠者都产生了影响，进而在整个非洲和美洲大陆留下了物质屐痕。奴隶贸易对非洲人民产生的重大而深远的影响，导致"非洲的经济关系、社会组织和文化习俗都发生了巨变"。西非和中非地区深深地陷入了奴隶贸易的泥潭，同时又沦为布匹和武器等工业品的倾销市场。新的经济联盟导致了非洲政体之间以及欧洲和非洲统治者之间政治联盟的转变，造成内战、内乱和人口迁徙。大多数情况下，欧洲奴隶贩子的活动都集中在非洲西海岸。沿海滨河城镇最直接地受到欧洲接触的影响，但欧洲对越来越多奴隶的垂涎助长了内地的战争和内乱。例如，刚果的内战之火是由挟邪取权、互相倾轧的统治者的野心点燃的。他们通过向欧洲商人出售战俘而一夜暴富。在这些战争中，"数千名信奉基督教的刚果人沦为奴隶，成为大西洋奴隶贸易的牺牲品"。奴隶贸易需要精心打造基础设施，以便能把非洲人暂时关押在诸如西非海岸的埃尔米娜和海岸角城堡等商业监狱要塞里，然后再进行审理、运输和出售。将俘虏从非洲运到美洲销售点的船只是奴隶贸易基础设施中最重要的组成部分，因为正是在这些船上，黑人才被真正物化，当作货品来处置和装载。近来，学者们将注意力转向了奴隶船的物质性，并将中间航道视为非洲人和水手生活中的一种特殊体验（图1-2）。奴隶船经过改装，增加了载奴甲板。按照配载图，数百人会被以胎儿体位状呈"匙形"密不透风地堆积在甲板上。其他临时改装还包括"甲板'奴隶房''罩网'和'护障'（横贯后甲板的木隔墙，对堆奴场区域形成防护）"。

　　奴隶船的船长和船

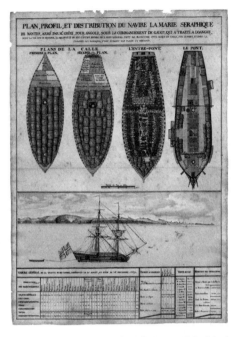

图1-2　18世纪法国南特（曾是法国最大的奴隶贩卖中心）奴隶船"六翼天使玛丽号"（Marie-Séraphique）的堆奴场、统舱和船桥平面图、剖面图及货品细目，显示船上装有307名作为"货物"装载的奴隶。图的下半部分介绍了1769年8月25日至12月16日期间该船贩奴活动的总体情况。南特"六翼天使玛丽号"平面图、剖面图和分布图（约1770年），勒内·勒米特（René Lhermitte）绘制。南特历史博物馆原件复制品。版权公有（维基共享资源）

员通过监视、管教和惩罚让"恐怖文化"甚嚣尘上。他们动用的手段包括"镣铐、足枷长镣（双枷）、拇指夹、鞭子和烙号器"，以及用来强迫奴隶进食的开口器。尽管已采取措施防止奴隶因绝食或跳海自尽——此类死亡不在保险理赔范围——但"在海上危险的情况下""出于必要原因"抛弃活奴的做法不乏其例，以便为溺亡奴隶提出保险索赔。

那些跨越中间航道幸存下来的人在美洲被出售后，经历了人格物化和严苛的社会管控。种植园主和管理者践行科学农业，"看重数据和经验，认为精细复式簿记和数据分析能够增产提效"，由是数千本种植园账簿得以保存下来。凯特琳·罗森塔尔（Caitlin Rosenthal）在其《奴隶制记录》（Accounting for Slavery）一书中，将这些档案作为商业记录进行分析，以重构美洲和西印度群岛奴隶主的管理实践。她指出："由此呈现出来的，是一个精确管理和极端暴力并行不悖的社会……在种植园里，量化的软实力与鞭子的驱动力党豺为虐。"

抵达新大陆后，奴隶将被出售或直接在船边完成易货交易。大西洋沿岸的城市都有奴隶市场，可以在那里对奴隶进行拍卖。曾经被奴役的劳动力成为积累商业财富的引擎，主要港口和大都市之外的奴隶内陆贩运也络绎不绝，交通沿线和内陆地区的奴隶市场比比皆是。美国奴隶市场的遗址鲜有保存下来可供研究的，而巴西里约热内卢的瓦隆古码头（约90万奴隶的登陆港和市场）却成为考古研究的对象。瓦隆古码头已被列入联合国教科文组织《世界遗产名录》，部分得到了发掘和研究。在瓦隆古码头的众多发现物中，有数百个护身符和符咒，旨在保护被奴役的人们免遭各种不测，反映出被远售此地的奴隶的绝望和期冀，以及他们拒绝人格物化和信守自己人格的意志。

社会种族分类和人格物化是欧洲在美洲和其他地区殖民行径的重要特征。种族分类学物质化的一个特别引人注目的例子是西班牙成套的种族绘画，其中大部分是18世纪在墨西哥绘制而成的。戴安娜·洛伦指出，18世纪的种姓绘画"运用了种族、性别和克里奥尔化的激烈绘画话语表达，被视为对白人统治的威胁。殖民地臣民的身体是这一话语表述的重要组成部分"。每幅画都描绘了一个由男人、女人和孩子组成的家庭群体。通过标题，便可窥见家庭之间的社会种族差异，"发现每对夫妇后代之间的相互关联"，类分"西班牙新世界帝国的人类异质性"。这些画作描绘的家庭环境恰到好处，家装的器物也恰如其分，显示出肤色、服装和个人饰品以及姿势的差异。种姓绘画充满了一望便知的矛盾，因为它们旨在以严格的系谱方式对种姓进行分类和命名，但它们所呈现的种姓"兼具系谱性和可变性"，"阐明了建构殖民地社会的基本认识论，并使得种姓绘画与启蒙思想家如此着迷的有关人类差异的大辩论显著地联系在一起"。

结语

社会种族分类和人格物化，是欧洲在美洲和其他地区殖民行径的重要特征。启蒙思想在许多方面涵养了差异意识。欧洲人通过购买和日常生活（家庭、餐厅、个人配饰）中使用的器物，来表达和强化社会差异。通过接受社会种族分类、将黑色和棕色人种非人化和人格物化，整个启蒙时代的奴役和奴隶贸易大行其道。具有讽刺意味的是，这一切的发生，恰逢启蒙运动在欧洲人和欧裔美洲人中间传播个体人格和个人权利——"人"权远非普世的，因为它为白人所独享——新理念的时候。"18世纪的人权活动家谴责他们的对手是毫无怜悯之心的传统主义者，称他们在意的只是维护基于不平等而非平等、普适性和自然权利的社会秩序。"然而，启蒙时代终究是一个通过器物和物化肉体、以多种不平等方式实现了物质化的时代。

第二章

技术

科林·莱恩

引言

就器物技术而言，1600 至 1760 年间是欧洲前工业化与工业化经济的交会点。洲际贸易的快速发展拉动整个欧洲经济发生了翻天覆地的变化，荷兰在亚洲转口贸易的率先兴起，一度主导了欧洲殖民地原材料贸易。16 至 18 世纪，英国和荷兰都建立了独具特色但相互竞争的海上资本主义或重商主义帝国，特点是从亚洲和美洲进口的新奢侈品与日俱增。接触到这些充满异域风情、令人耳目一新消费品的荷兰人和英国人，对消费需求、品味和愿景产生了深远的、几乎是立竿见影的影响。没过多久，中国陶瓷茶具和威尼斯玻璃等"奢侈品"便被更廉价的当地山寨品所取代。这些新的替代消费品反过来又重新出口到欧洲殖民帝国和欧陆其他地区。凡此种种接触，促使西欧开始进行重大技术变革，比方说仿制中国瓷器等消费者梦寐以求的奢侈品。同时，与亚洲文化其他方面的直接接触，特别是与中华帝国的不期而遇，对欧洲船只设计产生了重大影响。16世纪70年代，在中国海域活动的早期荷兰贸易商目睹了中国人使用下风板（一种可以减少帆船风阻的升力箔），并将这种装置引入了欧洲。但更值得注意的是水密隔舱——中国人至少早在13世纪就已经应用自如、驾轻就熟的一种设置，杰里米·边沁（Jeremy Bentham）爵士观察到了中国传统帆船上的这一做法，直到18世纪末叶英国皇家海军才开始引用，如今已被所有现代远洋船只采用。

接触新奢侈品也改变了大多数消费者对家庭财产的看法。"奢侈品"不再被理解为一种过度的形式，它不仅日益与便利和享受联系在一起，而且越来越成为展示高雅品位的一种手段。然而，尽管新的替代奢侈品肯定比进口产品便宜，但新中产阶级消费这些奢侈品是源于它们时尚，而不是因为它们便宜。这些新消费品的流通和大规模消费，特别是在18世纪，被称为"产品革命"，在这场革命中，以前为贵族们所独享的物品可以分享给中产阶级和商业阶层。然而，如下文所示，这一产量增长是由基本上没有机械化的工业生产形式带来的。欧洲亚麻和棉花行业的情况当然也是如此，需求带来了产量的增加。尽管这样，即使在工业革命期间欧洲工业机械化程度提高之前，重要消费品的成本也已经显著降低。

消费的增长，以及替代昂贵的外国进口奢侈品的选择类型繁多，叠加在一起缩短了国内产品的生命周期和普遍耐用性。例如，在17世纪，衣服等日常用品很可能由继承人继承。耐用品一类的东西逐渐被取代，比方说玻璃饮水器皿替代了白镴制品，陶瓷餐具置换了木制用品，进而极大地影响了众多居家用品的货架期。但对同时代人来说，这并不重要，重要的是这些半耐用品的设计和工艺体现了他们的不俗品味。因此，到了18世纪，许多器物不仅消费得更快，而且迅速成为明日黄花。事实上，1650年以后出现了一种普遍消费趋势，即消费者更加关注工艺水准，而不是制造器物所使用的实际材料。

那么，在这种消费主义蔚然成风的背景下，工业化前欧洲的主要技术和技术传统又是如何演变的呢？从非常真实的意义上讲，1600—1750年发展起来的技术得益于科学革命的发现。人们通常认为科学革命始于16世纪末和17世纪初意大利的伽利略，结束于18世纪20年代的艾萨克·牛顿。英国工程师托马斯·纽科门发明的大气蒸汽机，最能说明这一科学发现时代对工业革命前夕技术变革的影响。本章将对这一时期最重要的技术领域——动力生成、采矿和冶金、陶瓷、玻璃、纺织、计时器和科学仪器——进行探讨，其中许多技术助推了欧洲扩张和资本主义转型。

动力生成

在17世纪末和18世纪初的欧洲早期工业化进程中，用作牵引工具的役畜发挥了不可或缺的作用。在许多行业，早期的机械化尝试严重依赖于马匹的使用。在伦敦的大型啤酒厂、纺织厂或是偏远的采矿场，在没有可用水源的情况下，牲畜提供了唯一实用的机械驱动方式。事实上，18世纪和19世纪初建成的城市啤酒厂扩容时，人们并不太在意能够方便获得水源，因为所有工厂基本上都可以通过马拉机械来获得动力。人力机械主要用于早期船台滑轨和疏浚作业中的绞盘、早期消防设备和起重机，直到19世纪，整个欧洲仍在继续广泛使用。18世纪早期，贝尔纳·福雷斯特·德·贝利多尔（Bernard Forest de Bélidor，1697—1761）和雅各布·鲁波尔德（Jacob

Leupold，1674—1727）在其有影响力的土木工程论文中，强调了人力踏车和绞盘在打桩和开合拱桥等土木工程项目施工中的突出作用。

牲畜驱动的机械和水动滚轮相似，基本上分为两种，可以根据它们旋转的平面来加以定义。第一种是垂直轮子，牲畜在轮子内面的踏板上行走（踏轮）；第二种是水平轮子，踏板设置在轮子圆周外圈（踏车），由人类操控。无论哪一种模式，轮子的运动都与水平轴相连。根据动力传输的方式，可再细分为动力直接作用于装置的设备。这类设备包括滚筒式破碎机——马匹拉着圆形石碾，绕行一个专门准备的平台或槽，以粉碎种子、亚麻等——和绕绳机（马拉起重机或采矿绞盘），由一匹马或一队马拉动围绕中心垂直轴旋转的圆形卷筒。然而，在诸如水力提升装置和众多类型的工业机械等更为复杂的设备中，牲畜驱动轮子的运动则通过传动轮传递出去。

17、18世纪，马力机械广泛应用于采矿、采石及其他如制砖等建筑材料生产行业。马拉矿井排水泵、通风机和提升矿石的绞车屡见不鲜，在水力发电厂中间或也能占有一席之地。即使在蒸汽动力发电厂出现后，许多矿区仍在沿用马拉起重机或绞盘。其最基本的形式是起重机或绞盘由一匹马或一队马轮流做功，转动一个缠着绳子的大木筒。木筒以一根结实的木杆为轴，木杆通常由木架支撑。与此装置相接的轴连到马匹身上，马匹绕圈行走借以旋转木筒。

到18世纪中叶，风力粉碎机已广泛应用于各种采掘业和制造业，如采矿业和采石业，制陶材料生产，鼻烟的研磨，石头、黏土和油籽的粉碎，以及制铜、造纸和汲水等。然而，在很大程度上讲，风力只是水力的补充，并没有取而代之（见下文）。风能最大的短板是无法储存，尽管在许多方面风车并不像水车那样对位置挑剔有加。柱式风车的木结构围绕中心木轴旋转，以便风翼能够接受盛行风（即某一地区经常吹的风），17世纪开始被塔式风车逐步替代。圆柱形砌石结构的塔式风车是一个固定实体，包含翼片和传动轴（或风轴）的运动部分安置在塔顶的可转动塔盖中。最初，下端带有舵轮的尾杆与塔盖相连，随着尾杆的万向转动，风车便可以转动风帽，使风翼得以转向盛行风。这种设计赋予了风车布局更大的灵活性，同时也令风车结构更加稳定。随着主塔层数的加高，人们用手动操作的无级链传动装置来旋转塔盖，这是引入工业化英国的荷兰众多创新之一。1745年，英国铁匠埃德蒙·李（Edmund Lee）发明了自动扇形尾，进而使塔盖部分可以自动随风旋转，但除了德国和丹麦等国，这种装置在英国以外几乎无人知晓。约翰·斯米顿（John Smeaton）也在寻求改进风车的设计，并于1752年对风翼的效能进行了实验。1755年，他甚至对荷兰和佛兰德斯（西欧历史地名，包括今比利时、法国和荷兰的部分地区）进行了为期五周的实地考察，以获取当代风车设计的一手资讯。事实上，斯米顿在机械工程方面最突出的贡献之一是他开创性地使用了铸铁传动装置。1755年，这种装置首次应用在韦克菲尔德的一台风力榨油机上。

1600—1760年，工业动力最显著的提升和多样化都与水车有千丝万缕的联系，因为直到18世纪80年代，蒸汽机的使用仍然仅限于矿井抽水作业（见下文）。许多使用水力机械的现有工业的机械化程度也得到显著提高。据法国军事工程师沃邦估计，仅在1694年，法国就有约80000家水磨坊，其中约15000家从事磨面之外的工业加工，如纺织、冶金和造纸。然而，这也是一个开创性实验的探索时期。在此期间，水车匠人，这种主要与木材打交道的工匠中的精英（图2-1）华丽转身成为事实上的机械工程师，并且越发对他们的手艺如何能提

图2-1　18世纪早期水力磨坊木制传动装置的几何结构和
放样[1]。雅各布·鲁波尔德著《磨坊与风车机械》（*Theatrum
Machinarum Molarium. Allerhans Mühlen, Wind-Ross- und
Feld- Mühlen*，莱比锡，1735年）。作者翻拍自原书

1　放样是将一个二维形体对象作沿某个路径的剖面，而形成的三维对
　　象。——编者注

高承接设计的机械和设备的效率产生了强烈的好奇心。随着1607年意大利机械工程师维托里奥·宗卡（Vittorio Zonca）的专著《新水力机械与建筑》（*Novo teatro di machine et edificii*）问世，以及1737—1739年法国工程师德·贝利多（de Bélidor）两卷本的《水工建筑》（*Architecture hydraulique*）的付梓，欧洲出版了至少11本关于磨坊和磨坊工程的新书。文艺复兴以来，阅读印刷书籍蔚然成风，在所谓的传统"机械领域"中出现了大量配有插图的技术手册，从而极大地促进了科技知识的传播。人们通过水车的实验来阐明它们的相对效率，进而开始对流体力学的理论科学发起了挑战。提高效率的动力，很大程度上是由于工业化初期水力作业场地竞争的加剧。这不仅导致水力成本飙升，而且最终促成更高效的铸铁水车取代了木制水车。法国科学家的实验，特别是安托万·帕伦（Antoine Parent，1666—1716）和亨利·皮托（Henri Pitot，1695—1771）的实验结果，虽然得到了德·贝利多在《水工建筑》中的充分认可，但却做出了错误的结论，即下冲式水车比上射式水轮机效率更高。然而，1752—1753年，安托万·德帕西厄（Antoine de Parcieux，1703—1768）和约翰·斯米顿于法国和英国在模型水车上进行的实验，分别独立地证明了上射式水车（以及桶形水车）的效能明显优于下冲式水车。这种理论与实践的结合，对实业家偏爱的水车设计和类型产生了深远影响。如今，显而易见的是，装有水桶而不是浮筒的水车运转所需的水量更少，因此运行效率更高，成本更低。这反过来又催生出越来越多的半冲式水车（水注入至车轴位置的水桶中）投入使用，传统的下冲式水车渐已时过境迁。

18世纪早期，第一台蒸汽动力的原动机的开发，在很大程度上也归功于在大气压力方面的科学新发现。作为英国皇家学会的创始成员，爱尔兰科学家罗伯特·博伊尔（Robert Boyle）通过皇家学会这一平台，助推了德国奥托·冯·格里克（Otto von Guericke）有关真空特性方面研究成果在英国的传播。1658年，博伊尔与英国数学家罗伯特·胡克（Robert Hooke）合作研制了冯·格里克气泵的改进版，不过，1690年在德国马尔堡制造出第一台活塞式蒸汽机工作模型的，却是博伊尔后来的合作者、法国胡格诺派流亡者丹尼斯·帕平（Denis Papin，1647—1713）。1698年，托马斯·萨弗里（Thomas Savery，1650—1713）获得了一项"用火焰的推动力提升……水"的专利，从而首开先河，成为蒸汽动力的第一次实际商业应用。但是，萨弗里的蒸汽泵在矿井深处抽水方面效率很低。第一台取得一定成功的发动机是英国工程师托马斯·纽科门（1663—1729）设计的（图2-2），1712年安装在斯塔福德郡达德利城堡附近。然而，直到18世纪80年代，旋转式蒸汽机的开发才使得发动机能够驱动几乎任何类型的机械，而纽科门式发动机的使用仅限于提水。

采矿与冶金

1600年后，随着欧洲对黑色金属和有色金属需求的增加，矿井也越挖越深，深度超过30米。这给矿山工程师带来了新的挑战，他们不得不使用水力设备来应对从矿井更深处抽水的问题。早在1615年，奥地利蒂罗尔州基茨比厄尔一个矿井的竖井就已经深达900米。这一深度对19世纪初使用高效蒸汽泵的矿井工程师们也是一种挑战。

到1600年，欧洲和亚洲冶炼的大多数铁都是高炉的产物。高炉选用木炭作为燃料，通过水力风箱连续鼓入空气将矿石还原为熔融状态以生产铸铁（图2-3），随后将熔化的金属倒进砂床，铸成生铁

图2-2　托马斯·纽科门在英国沃里克郡格里夫设计的常压蒸汽机。引自法国 J.T.德萨吉利埃（J.T.Desaguilers）的《实验哲学课程》（*A Course of Experimental Philosophy*，第1卷，伦敦，1744年）。作者翻拍自原书

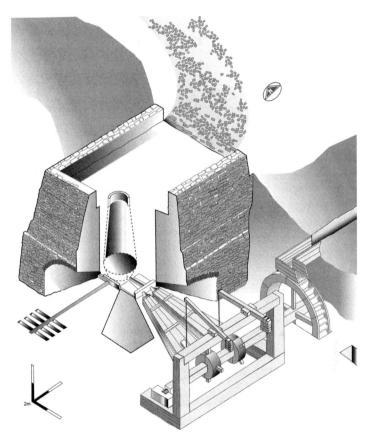

图2-3　1655年，爱尔兰科克郡阿拉格林的科克伯爵二世、伯灵顿伯爵一世理查德·博伊尔（Richard Boyle）拥有、改造和经营的高炉。科林·莱恩（Colin Rynne）绘制

或模型。通过脱碳（即烧掉其高碳含量），铸铁也可以通过在精炼锻造炉中加工而成为熟铁。这种方法的主要优点是一次可以生产大量廉价金属，这对于火炮等大型铸件的生产来讲尤为重要，同时大大降低了黑色金属的成本。然而，这个行业的扩张不无代价——林地资源的压力越来越大。生产1吨木炭大约需要8吨木材，而英国迪恩森林的一座高炉，在其存续期间就需要约13000英亩的矮林林地作为支撑。17世纪，瑞典是英国工业的主要竞争对手，其优势是拥有低磷矿石（更适合制钢）和更加充足的木材供应。尽管英国的木材日益匮乏，但煤炭资源却用之不竭。鉴于当务之急，人们开始尝试使用煤炭作为所有冶炼作业的替代燃料。高炉用煤做燃料的实验贯穿了17世纪，最著名的实验由英国西米德兰兹郡的达德·达德利（Dud Dudley）完成，1638年他还因此获得了专利。虽然达德利似乎功德圆满，但是1709年，在英国什罗普郡科尔布鲁克代尔高炉中，却是亚伯拉罕·达比（Abraham Darby）首次将焦炭作为炼铁燃料引入大规模工业应用。

作为铁和1.7%碳的合金，钢是所有刀锋工具所必需的，当然，也是所有锋刃兵器不可或缺的。然而，尽管它对所有行业都至关重要，但史实显示，直到18世纪中叶，钢仍然难以实现量产。在18世纪40年代开发坩埚钢之前（见下文），钢是通过渗碳工艺制造的。在渗碳工艺中，熟铁（通常从瑞典或俄国进口）坯料会用木炭在密封的陶罐中加热数日。欧洲最早的有关这一工艺的记载是在1601年的纽伦堡。英国人通常把利用纽伦堡渗碳工艺生产出的钢叫作渗碳钢。1600—1760年，英国逐渐成为渗碳钢的主要生产国，虽然铁主要进口自瑞典。到1737年，英国制钢行业每年使用约1000吨瑞典铁。与此同时，渗碳炉也在瑞典、挪威和法国广为利用。据记载，美洲最早的渗碳钢制造始于1728年的康涅狄格州。渗碳钢棒的问题在于，从熔炉中取出后，仍然很脆，含有熔渣杂质，在大多数情况下基本无法使用。即使锻造成较小的棒材，通过切割工、镰刀工和锉刀工等金属工匠的轮番操作，成品仍然含有渣纹。

18世纪初，英国东北部的德国移民威廉·伯特伦（Wilhelm Bertram）发明了一种工艺——将渗碳钢切断，然后紧紧地绑在一起，锻焊起来形成抗剪钢。这种产品远比渗碳钢要好得多，业已证明非常适合生产大多数样式的餐具。尽管如此，由于含有熔渣颗粒，加之结构极不均匀，故而不适合制造需要坚硬锋刃的工具，如剃须刀或外科手术刀。手表和钟表发条等零部件使用抗剪钢来生产也会带来很多问题，因为它们薄薄的截面对均匀性要求极高。后一种情况促使英国钟表匠本杰明·亨茨曼（Benjamin Huntsman，1704—1776）另辟蹊径，冶炼可以用来制造钟表发条的纯净钢。18世纪40年代早期，亨茨曼尝试使用焦炭而不是木炭来使温度升到足够高，使铁在坩埚里熔化，并通过这种方式去除杂质，进而生产出比渗碳钢硬度更高、更加坚固的均质产品。不过，坩埚钢的用途绝不局限于精细或高端产品，如科学仪器和时钟。英国的时尚产品，如皮带扣，也是用它制造的，在法国颇受欢迎，而法国人自己也不遗余力地试图让自己的五金行业也受益于这项技术。然而，当西欧仍在苦苦探索制钢的有效路径时，古代印度已经研发出了多种形式的坩埚钢。17世纪，西方人在印度南部首次观察到乌兹钢的生产，令人叹为观止的大马士革刀正是由乌兹钢制成的。坩埚炼钢法是欧洲炼钢工艺的重大进步，但直到19世纪才开始影响欧洲冶金业。

18世纪初，钢铁生产的瓶颈才真正开始得到令人满意的突破，而有色金属的冶炼已经取得了长足的进展。一般来说，熔点比铁低的铅、铜和锡更容易生产。英国国内和其他国家对这些贱金属合金——铜和锡用于制造青铜，锡和铅用于制造白镴，铅和锡用于制造焊料，铜和锌用于制造黄铜——的消费需求越来越大。与黑色金属一样，冶炼作业中使用的传统燃料是木炭。然而，有色金属生产商更乐于把焦炭用于冶炼。例如，17世纪20年代，英国皇家矿业公司开始试验用煤生产焦炭来炼铜，但到17世纪40年代半途而废。事实上，亚伯拉罕·达比已经将他从黄铜生产中获得的经验应用在高炉焦炭的使用上。17世纪末叶欧洲开发的熔炉使煤能在足以冶炼铜矿石的温度下燃烧。16世纪，反射炉（炉中只有燃料燃烧产生的热量与矿石接触）的应用在整个欧洲逐步得到普及。17世纪方兴未艾的英国工业在很大程度上依赖于欧洲大陆的专业技术，尤其是黄铜生产技术。这种技术转让也是一个双向交互的过程，最突出的例子是威廉·查普恩（William Champion）——他将锌冶炼技术引入欧陆，并于1738年为其锌冶炼工艺申请了专利。

陶瓷

在本章所述的历史时期，欧洲见证了一场工业规模生产和陶瓷形式消费的"陶瓷革命"。这些林林总总的陶瓷制品基本上都是进口亚洲瓷器的盗版。盐釉陶器、锡釉陶器和新型全釉细陶器这三种陶瓷新品种，在欧洲及其海外殖民地走俏。自16世纪起，之前主要在德国莱茵兰地区[1]生产的盐釉陶器已经在中心城市科隆、雷伦和弗雷兴开始大规模工业化生产。从近东传入欧洲的锡釉陶器，比如称作彩釉陶器的白锡釉陶器，则于16世纪便在意大利北部投入生产。彩釉陶器还出口到整个欧洲和美洲，16世纪时已经在法国、荷兰和英国投产。荷兰锡釉陶器，又名代尔夫特蓝陶，源于荷兰陶工仿制中国瓷器的尝试。那时，欧洲陶工尚不知晓中国的制陶秘诀。为此，代尔夫特蓝陶（或软瓷）的陶工们用不透明的锡釉涂覆陶器，在使陶器不透水的同时，又形成了一种可以在其上进行修饰的底衬。到17世纪末，伦敦朗伯斯区、布里斯托尔、利物浦和贝尔法斯特都建立了代尔夫特陶器厂。18世纪，布里斯托尔、利物浦、格拉斯哥和都柏林等港口业已成为代尔夫特陶器的主要制造中心。

18世纪时，燧石、颜料研磨和陶瓷件标准化等机械化辅助工艺已经司空见惯。陶窑封闭在一座高大的瓶形建筑内，以便保护它免受恶劣天气的侵扰。窑炉的火膛与窑室分开，产生的热量通过窑顶反射到盛放陶器的称为烧箱的特殊容器上。烧箱由耐火黏土制成，里面放着未烧制的软胎陶器，以保护它们免受窑口直接热量和烟雾的影响。烧箱可以用盖子密封，但更多的时候是在窑内相互叠放。

1709年，德国德累斯顿附近的迈森皇家工厂生产出了欧洲第一批硬陶，即德累斯顿瓷器。弗雷德里希·博特格（Freidrich Bottger）曾在那里试验使用高岭土或中国黏土。18世纪，瓷器收藏远比绘画收藏更加体面，也更有排场。1741—1761年间，大约6位德国王子效仿博特格，争先恐后地建立了瓷器工厂。事实上，制陶成为普鲁

1　莱茵兰，旧地区名，今德国莱茵河中游的一地区。——编者注

士腓特烈大帝"最受欢迎的生产项目"。18世纪60年代，法国和英国的陶工终于发现了如何用高岭土制造硬陶的秘笈。1746年，一位名叫约翰·库克沃西（John Cookworthy）的普利茅斯化学家在英国西南部的康沃尔郡发现了大量高岭土矿藏，并于1768年乘势而上，利用高岭土和磨碎的燧石生产出了英国第一批硬陶制品。

正如烟草进口（见下文）一样，喝茶习惯的日益普及直接与全球殖民贸易网络联系在一起。18世纪上半叶，英国逐渐形成了用较为低廉的国产瓷器茶具替代中国瓷器的需求。斯塔福德郡的陶瓷精美诱人，廉价、批量生产的陶瓷开始在成品和价格上形成强大的竞争力。18世纪，英国陶器制造商约西亚·韦奇伍德（Josiah Wedgewood，1730—1795）生产了大量陶器。在夏洛特女王的赞助下，他的"女王陶"在英国一路走红。这些发展变化促成斯塔福德郡陶瓷业在技术革新、行业组织和生产规模方面发生了巨变。烟草消费也是殖民地贸易网络的产物。它在欧洲的大行其道（在英国似乎始于16世纪70年代），导致吸烟成为酒馆文化的一部分，反过来，又催熟了对陶制烟斗的需求。1634年，约有30万公斤烟草出口欧洲，英国与荷兰是主要消费市场。在17世纪早期的数十年里，英国陶制烟斗生产中心总体规模较小，主要位于伦敦、布里斯托尔、纽卡斯尔和赫尔这样的城镇。荷兰人对烟草的热情，促成了豪达市陶制烟斗制造厂的创建。使用后很快被丢弃的陶制烟斗成为世界上首批一次性消费品之一和前工业化欧洲社会消费主义抬头的标志性产物。从美洲出口到欧洲的商品最初由欧洲的契约仆人生产，后来被烟草种植园的奴隶所取代。

玻璃

16世纪末，威尼斯的玻璃制品成了欧陆社会的宠儿，但也只有富人才能消费得起。随着这些产品的日益普及，自16世纪中叶开始，威尼斯玻璃匠人便被挖到其他欧洲国家，从而使威尼斯玻璃制品的价格逐步走低。然而，到了17世纪20年代中期，每年仍有大约1万件威尼斯水晶玻璃制品出口到英国。尽管如此，英国玻璃工人还是成功地仿制了威尼斯玻璃的基本品质，其中具有代表性的是乔治·雷文斯克罗夫特（George Ravenscroft，1632—1683）发明了透明铅晶质玻璃（亦称火石玻璃）。雷文斯克罗夫特在伦敦的玻璃工坊雇用了威尼斯工匠，从1673年开始试验在玻璃配料中加入氧化铅以稳定玻璃品质。这一工艺在17世纪末叶得到了广泛应用，因为它避开了使用造价不菲的添加剂来制造地中海型水晶所需的透明玻璃。17世纪70年代末，在德国和波希米亚，透明玻璃生产得到深入开发，出现了熟石灰水晶、波希米亚水晶和森林水晶等变体。在中欧和西欧，人们之所以通过添加石灰来制造，是因为纯碱的供应紧俏。这类制品的关键特性之一是强度高，非常适合轮雕。17世纪末，使用脚踏或手动铜轮进行雕刻的艺术在德国已经屡见不鲜。

18和19世纪玻璃作坊最显著的特点是砖砌圆锥体，旨在为置于中央的圆形玻璃熔炉提供上升气流，并为制玻工人提供劳动保护。欧洲记载最早的此类作坊由菲利普·洛奇（Philip Roche）于1694年在都柏林建造。这不由得引发人们去猜测这种锥形作坊的最初起源。法国的狄德罗和达朗贝尔（D'Alembert）在1762—1771年出版的《陶瓷艺术百科全书》（*Receuil des Planches de l'Encyclopédie Arts de la céramique*）一书中，描绘了英国和爱尔兰使用的典型玻璃锥，称为"英国玻璃器皿"，由此似乎了断了其与欧陆的渊源。在锥炉中心，炉箅通过地下的复杂烟道和灰道系统透气。熔炉上部可容纳多达10个用于熔化玻璃的陶罐。每个陶罐正上方的炉壁上开有一孔（作业孔），方便玻璃工人提取熔化的玻璃。18世纪早期英格兰玻璃锥炉的基本物理特征（如下行烟道）已通过博尔特斯通（Bolterstone）和约克郡凯特克里夫（Catcliffe）的考古发掘重见天日。

18世纪和19世纪早期，欧洲生产的四种主要玻璃制品是瓶子、窗玻璃、玻璃板和火石玻璃。制造玻璃瓶可以就地取沙，利用廉价的、容易获得的原材料进行生产；火石玻璃由含铁量极低的硅砂、氧化铅、钾盐（或珍珠灰）、硝石和锰制成。火石或含铅玻璃（英国水晶）折射率高，非常适合手工工艺或切割机和雕刻机的二次加工；窗玻璃是通过在抛光的金属表面上吹塑、加热和滚动熔融玻璃而形成的。通过这些工艺形成的熔融玻璃球体，在铁棒的末端旋转并呈离心状甩出，最终形成一个平圆盘；而平板玻璃则是通过浇铸熔融玻璃而成，通常由比窗玻璃更精细的成分制成。一般说来，它比窗玻璃要厚，便于打磨和抛光。大多数平板玻璃通常镀银用作镜子，但有时也用于马车车窗。

纺织品

总体说来，17世纪和18世纪早期，欧洲纺织产品的多样化虽说与技术革新不同步，但却能够顺应白云苍狗般的时尚变化，这是拉动纺织业增长的主要因素。事实上，新产品的普及和新技术的传播往往都是由武装冲突和宗教迫害导致的芸芸众生流离失所造成的。

例如1598年南特敕令颁布后，法国胡格诺派便遭到大规模驱逐。不过，至关重要的因素还是人口增长和收入增加。国内市场的高速扩容被证明是欧洲纺织工业发展的主要激励要素。1760年之前，纺织用纤维制备过程的机械化根本无从谈起，而水力机械纺制的纱线只有丝绸。可以说，就毛纺行业而言，制备和纺纱工艺方面的新技术进步直到19世纪才开始普及，而将这些新技术集成到工厂系统中则耗去了百余年时间。

用羊毛生产的布料基本有两种类型，即粗纺毛料和精纺毛料。粗纺毛料是用短纤维或棉型纤维毛制造的，在纺纱之前必须对其纤维进行梳理。而精纺毛料的制造则使用长绒毛，且必须通过一种称为精梳的工艺与短纤维分离。在精梳过程中，加热的梳子用来把长绒纤维形成条子，随后在拉拔和纺纱之前将其卷成球状。然而，直到19世纪40年代，精梳工艺才成功实现机械化。截至17世纪，欧洲大部分地区的羊毛都产自当地。此后，大多自西班牙流入的进口羊毛开始与当地羊毛混用，甚至大有取代当地羊毛之势。在欧洲，最优质的羊毛来自美利奴羊，但直到1765年，经过多个世纪的禁止出口之后，西班牙政府才允许美利奴羊出口到西班牙以外的国家和地区。没过多久，美利奴羊便已在全欧洲大行其道。到18世纪末，就连澳大利亚都可见成群结队的羊群。

纺纱基本上是一个连续的过程，抽出纤维，捻合在一起，使成纱更具强度。18世纪直至19世纪，人们一直在用脚踏式纺车进行粗纺和精纺。到18世纪初，欧洲使用的大多数纺纱机都使用了锭翼，以前分离的流程（牵伸和捻丝）以及卷绕，现在可以同时进行。固然这足以满足国内小规模工业生产的需求，但纺织行业的扩大再生产需要更加高效的生产方式，从而令多轴纺织机应运而生。"珍妮纺纱机"是最早成功使用的多轴纺织机，1767年前后由詹姆斯·哈格里夫斯（James Hargreaves）研发出来，其初衷是为了加快棉纱生产。中世纪后期以来，意大利丝绸行业就开始使用水力丝绸纺纱机。到1700年，威尼斯周围和波河（意大利最大的河流，位于意大利北部）流域已有上百家丝织厂投产。用水力织机生产的经纱是一种由生丝捻股制成的丝，用于制造较为时尚的丝绸经纱。1718年，托马斯·隆贝（Thomas Lombe，1685—1739）爵士利用刺探得来的产业情报，为其缫丝机申请了英国专利。他在德比郡的德文特河上建造了一座6层楼高的水力缫丝厂，雇用了300名纺织工人。

　　成功实现纺织机械化是1760年以后的事情，在此之前，织物依旧是一项需要熟练技巧的手艺活儿，精细织物制造领域尤其如此。织物成品由垂直的经纱和水平的纬纱交叉织就。在传统织机上，织工必须首先将经纱紧密、平行地缠绕在经轴辊上。这一过程颇为耗时，在亚麻行业中可能需要长达一周的时间。伦敦丝绸织工习惯于不同种类的丝绸各自使用专门的织机。由于织机运行时产生的摩擦力，经纱必须比纬纱更有弹性，同时本身也要在机架上保持着张力。将经纱拉到一对导纱杆的上方和下方（导纱杆使经线保持平行），然后穿过综框上的综丝眼，综眼通过升降经纱来匹配编织图案。经纱再穿过称为"筘"的梳齿（用于保持经纱均匀分布并相对固定）绑在布轴上。同样重要的是，织机车间必须保持凉爽和潮湿，以最大限度地减少因干燥断纱的风险，毕竟断纱修复起来极其繁琐。1733年，英国约翰·凯（John Kay）为其飞梭申请了专利。织工推动飞梭（一种船形线板，通过拉动绳子将纬纱穿过织机）来加速织造。

使用这种简单、廉价的设备，织工可以做到事半功倍，劳动效率翻番，而布料的宽度不再局限于织工在织机上伸展手臂以投掷织梭的距离。

欧洲亚麻织品产业不同于诸如棉花、羊毛和丝绸等其他纺织品行业，早在1760年之前，许多准备和整理工艺都已实现了机械化。亚麻植物的木质纤维传统上用木刀手工去除。爱尔兰和英国通常将这一过程称为"打麻"。在爱尔兰阿尔斯特省，早在1717—1719年就有打麻作坊的说法，通过快速旋转的木质打麻刀片将亚麻纤维进行机械分离。苏格兰人把类似的装置称为"飞花机"，至少自1726年就开始在贝里克郡的德莱格兰奇使用，但直到1727年苏格兰受托理事会成立，并于次年派遣一名熟练工人到荷兰学习当代荷兰工厂制，才走上了一条适合自己发展的道路。在爱尔兰和苏格兰，成立于1711年的亚麻布理事会和苏格兰受托理事会都为建设打麻厂提供了资助。因此，在政府的直接干预下，爱尔兰和苏格兰亚麻业的技术革新如火如荼。然而，直到18世纪60年代实行了鼓励爱尔兰和苏格兰亚麻制品向美洲和西印度群岛出口的优惠政策之后，两地的亚麻制品生产的主体才转向英国殖民地。事实上，这一时期苏格兰专门生产西印度群岛奴隶们使用的粗亚麻布。自16世纪以来，西班牙及其殖民地成为佛兰芒工业的重要市场，精细亚麻制品的生产逐渐萎缩，取而代之的是用于制作奴隶服装的亚麻短纤维粗布的生产。

亚麻布和棉布漂白是一个艰苦的过程，其中也包括"外漂"，即布料铺在户外，在阳光下漂白。在化学漂白剂出现之前，这一过程不仅耗时，而且完全取决于天气。因此，漂白只能从早春到初秋期间进行，通常需要长达半年的时间。爱尔兰气候相对温和，因此外漂可以常年进行。从18世纪50年代中期开始，苏格兰的弗朗西斯·霍姆（Francis Home）、威廉·卡伦（William Cullen）、约瑟夫·布莱克（Joseph Black）及爱尔兰的詹姆斯·弗格森（James Ferguson）、理查德·基尔万（Richard Kirwan）、威廉·希金斯（William Higgins）等科学家一直在试验用稀硫酸（硫磺酸）和后来的盐酸替代传统亚麻漂白酸化工艺中的脱脂乳。早在1756年，霍姆就在漂白试验中使用了硫酸盐，结果成效显著，漂白过程从长达7个月缩短到了4个月。

18世纪早期，又有两种亚麻整理工艺实现了机械化。在爱尔兰，经过最后一次外漂之后，布料会送进漂洗机来进行清洗。以揉皮器为原型制成的漂洗机，其历史可以追溯到1725年左右的爱尔兰。漂洗机模仿揉皮器的动作，对注满水的水槽中的布料进行敲打，新鲜水不断注入，漂洗机底部的排水孔将杂质持续排出。亚麻布料漂洗过后，上水动捶布机让山毛榉制作的捶布装置对织物进行垂直捶捣，以便让织成品更有光泽。捶布机似乎是在爱尔兰研发出来的，记载显示，1725年在贝尔法斯特附近的拉干河（北爱尔兰的主要河流）畔的德罗姆桥旁首次使用。

计时

时至中世纪后期，使用公共时钟对市场进行时间管理在欧洲已然司空见惯。"时间规则"也在15世纪被采用。据此，每节课的长度和教师的工作时间，也都以小时为单位固定下来。此后，城市居民在不明时间的情况下都会感到无所适从。17世纪，计时方面的重大技术进步，是1637年或更早，伽利略（1564—1642）将其等时性原理（等长摆的振荡周期是恒定的，与振幅无关）应用于时钟设计。

然而，在伽利略的设计中，钟摆本身不能自由摆动，从而妨碍了时钟的精度。1656年，荷兰物理学家克里斯蒂安·惠更斯（Christian Huygens，1629—1695）首次将钟摆实际应用于时钟。在惠更斯的摆钟中，钟摆的摆动没有受到擒纵机构的限制，就像伽利略的那样，因此每天的走时误差都在10秒左右。1670年，据说由伦敦钟表匠威廉·克莱门特（William Clement）发明的锚式擒纵机构大幅度提高了钟摆的精度，尽管英国物理学家罗伯特·胡克（1635—1703）声称自己是发明人的说法更令人信服，因为早在17世纪60年代晚期，他就曾向伦敦皇家学会赠送了一座锚钟。锚式擒纵机构可以使钟摆更长但摆距更短，进而能把摆钟置于木箱之中，由是出现了无处不在的长壳钟或"老爷钟"。

摆钟的相对精确度令科学界的希望油然而生，似乎经度问题的解决指日可待。然而，所有将摆钟改为航海或者怀表用途的尝试都一无所获，问题在于运动对它们影响太大。早在1665年，胡克就已经关注到了这个问题并提出了解决方案，但恰似伽利略钟摆原理的际遇，惠更斯成为首位设计了能控制时钟摆轮振荡速率的游丝（发条）的人。发条的引入使作为便携式计时工具的怀表发生了革命性变化，其计时的准确性得到极大提高。尽管历经了不断改进，但发条始终是机械时钟的基础，直到石英晶体整时器的引入。时间规则的演变也是这一发明的内生动力，有助于将计时精度从每天半小时提高到五分钟左右。在17世纪晚期之前，时钟已经配备了时针和分针，及至该世纪90年代，秒针也跻身其中。尽管锚式擒纵机构在使用摆钟计时的历史上举足轻重，但其工作受到摩擦的影响，通常会导致走时不够精准。这一缺陷在很大程度上被直进式擒纵机构的引入所克服，1675年前后，这种机构由英国天文学家理查德·汤斯利（Richard Towneley）发明，并首次用在为乔纳斯·摩尔（Jonas Moore）爵士制造的时钟和1676年为格林尼治天文台生产的整时器上。

17、18世纪，许多提高计时准确性的努力都是为了解决在海上航行时确定经度的问题。当然，这也体现了效率的概念，但最重要的还是出于牟取暴利的资本主义动机。依据1714年颁布的《经度法案》，英国议会对任何能在30分钟内确定经度的方法，均悬赏高达20000英镑——此所谓"经度奖"。1716年，法国政府也设立了同样的奖项。英国自学成才的钟表匠约翰·哈里森（1693—1776年）知难而上，获得成功。水到渠成的航海天文钟蕴涵的基本原理是，可以通过比较当地时间和某个参照点的已知时间来计算经度，而天文钟能够可靠而准确地记录这些时间。从本质上讲，配备这种装置的船员将格林尼治时间带到船上，与当地时间进行比对后，格林尼治时间便可以帮助他们确定自己的经度。哈里森总共制造了5件航海钟，第一件航海钟的制造耗时大约6年，由硬橡木和黄铜制成，旨在最大限度地减少机构中的摩擦。1761—1762年，他的第四件航海钟在伦敦至牙买加航程中发挥了定位作用，满足了荣膺"经度奖"的条件，不过，他在有生之年的剩余时间里，一直都在为领取该项奖金而奔波。

科学仪器

17世纪和18世纪初，对新科学仪器及其研发的需求不断增加，其中最重要的因素之一是印刷类技术文献的普及。不过，新兴欧洲经济体的社会和经济变化也萌发了对科学仪器广泛应用的需要，例如准确土地测量、大型地产管理、火炮部署、海上贸易和海洋探险等。17世纪中期之前，科学仪器的主要部件由木材和黄铜制成，而黄铜仪器的制造者大多擅长雕刻。他们的工作是通过锤打、切割和锉削相结合的方法制盘，但由于大多数赞助人都很富有，许多仪器经常会用装饰性饰条进行反复修饰，因此在雕刻刻度时需要格外小心。17世纪，仪器制造者有三个基本群体。许多人根据客户的需求和期望制造日常用品，或为富有客户定制精品；还有一些人在普通工人的帮助下，为自己的工作制作专门仪器；第三个群体包括制造船用罗盘或如瞄准器、水平仪、卡钳和两脚规（见下文）等火炮辅助装置的工匠。就大多数仪器制造而言，强度和亮度同等重要。例如，大件仪器通常由木头制成，木头上会附有铜带或铜片，而未使用的金属板部分则被切割成支杆。

所有的导航仪器都需要坚固但简单的设计。天文学家使用的两种最常见仪器——直角器（亦称"罗盘支杆"）和夜间时刻测定器都已改为航海之用。直角器配有线性标尺，大多数水手发现它比圆形仪器更容易标刻。它可用来确定例如地平线和北极星之间的夹角，以算出船只的纬度。夜间时刻测定器通过观测拱极星来计算夜晚时间。直角器和夜间时刻测定器主要都由仪器制造商用木材制造，因此价格低廉，尽管它们的标刻精度有时会给航行带来麻烦。磁罗盘通常都装入木箱中，用薄而透明的材料（如玻璃）密封后即可为航海者导航，又可为矿工规划地下巷道。

17世纪早期，随着欧洲海上殖民列强对新土地的暴力掠夺，从某种意义上说，作为一种拥有、获取和控制技术的测量科学也沦为欧洲军事技术不可或缺的附庸，用于镇压和奴役土著民族。17世纪的测量通常使用测周器（亦称"荷兰圈"）来测量水平角，该仪器最初配有校准仪或瞄准器，以及一个圆形角度标尺，后来还配备了一个磁罗盘来测量方位。整个装置可以现场安装在支杆或三脚架上。测周器在整个欧洲得到了广泛应用，直到19世纪初基本上为经纬仪所取代。

16世纪，欧洲已经开发出第一台实用经纬仪，可以测量水平面和垂直面上的角度，这是在利用测周器及杆和绳索进行基本线性测量基础上的一大进步（图2-4）。两脚规是一种刻度尺，由两个铰接在一起的扁臂组成，可以调整成任意角，1598年由意大利的伽利略

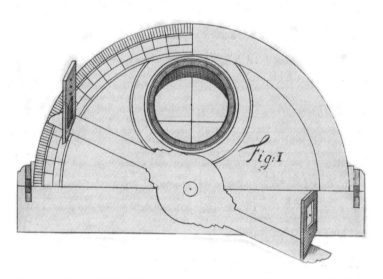

图2-4　18世纪早期的经纬仪，无垂直度盘。见德国雅各布·鲁波尔德《机械设计与技术附录》（*Theatri Machinarum Supplementum*，莱比锡，1739年）。作者翻拍自原书

和英国的托马斯·胡德（Thomas Hood）分别独立研发。它是滑尺的前身，直到18世纪才被取而代之。刻在扁臂上的刻度通常用于解决数学难题，到17世纪末，小型两脚规成为数学仪器。也有专用两脚规，配有用于测量的瞄准器和刻有表格的圆弧，显示炮弹的重量和从特定类型的大炮发射炮弹所需的火药量。

从17世纪中叶开始，科学仪器的贸易规模显著扩大，这是由于印刷书籍中对科学仪器的描述刺激了对科学仪器的需求。然而，虽然五花八门的仪器被制造出来，但许多仪器却无法批量生产。因此，工匠们专注于小范围生产精品仪器以满足需求，而大多数新仪器如今已不再是精心打造的定制产品。对光学和温度测量的新科学研究，也要求仪器制造商适应新的技艺和技术，多出精品。

17世纪，根据费迪南多·德·美第奇（Ferdinando de'Medici）大公的设计，第一批玻璃液体温度计于1654年在意大利开发出来，并由吹玻璃工安东尼奥·阿拉曼尼（Antonio Alamanni）为齐曼托学院制造。1702年，丹麦天文学家奥勒·罗默（Ole Rømer）发明了刻度温度计。罗默的温度计设置了两个固定点：冰点和沸点。到1717年，曾与罗默合作过的丹尼尔·加布里埃尔·华伦海特（Daniel Gabriel Fahrenheit）已经将汞作为测温液体用于温度计中。这些温度计在荷兰、英国和德国得到了广泛应用。人们把用摄氏温标进行百分度标示的做法归功于瑞典天文学家安德斯·摄尔修斯（Anders Celsius）。到18世纪中期，温度计业已对诸如医学、气象学、化学和海洋学等学科做出了巨大贡献，18世纪50年代，还在伦敦的许多啤酒厂里得到了工业应用。

1608年左右，第一台折射望远镜由札恰里亚斯·詹森（Sacharias

Jensen）在荷兰研制，但没有证据表明欧洲其他著名的科学家此前就知晓它的存在。事实上，直到1609年7月，英国的托马斯·哈利奥特才开始使用这种望远镜，而伽利略（人们传统上认为他发明了折射望远镜）此时正在订制这种荷兰望远镜，以供个人使用。早期折射望远镜有3种（1750年以前使用的只有折射望远镜）。人们之所以称其为折射望远镜，是因为进入其透镜的光线是折射的（即弯曲的）。第一种属于天文望远镜，光线会聚在两个透镜上，从而反转图像；第二种陆地使用的望远镜，有一个三透镜目镜系统和一个物镜（即离被观察物体最近的镜头，用来聚焦光线以还原真实影像）；第三种折射望远镜有一个会聚正透镜（产生虚拟影像）和一个发散透镜（形成垂直影像）。这些早期望远镜的使用，很快促成了色差和球面像差等光学现象的发现。色差是由于透镜未能将不同光线的所有颜色聚焦到同一焦平面上，从而产生了所谓的"彩色条纹"或"紫色条纹"。而球面像差现象是光线通过球面后未能在同一点会聚的结果，这对影像的清晰度产生了不良影响。在现代光学中，色差是用非球面透镜校正的，虽然17世纪60年代人们便能成功制造这种透镜，但在20世纪之前几乎没有取得什么突破性进展，而早在1733年，英国眼镜商乔治·巴斯（George Bass）就已经使用硬性光学玻璃和火石玻璃（见上文）的组合制造消色差透镜，从而大大降低了色差。但是，伦敦一位名叫约翰·多伦德（John Dollond）的眼镜商却为后来被称为消色差倍增眼镜申请了专利，不过多伦德确实在1757年成功做到了无颜色折射，并因此在1758年获得了英国皇家学会颁发的科普利奖。

结语

如上所述，1760年之前，产品创新和技术变革之间的关系显然密不可分。第一台天文望远镜和纽科门蒸汽机的研发也表明，新的科学发现深刻影响着重要新技术的开发。18世纪后期，蒸汽机成为工业革命中最通用的原动机之一。然而，对水车进行的科学实验是为了确保这项技术的发展能够满足1760年后欧洲工业化的需要，特别是在矿物燃料匮乏地区。同一时期，进口奢侈品替代品的开发似乎是模仿之风推动下的发明。尽管如此，这种形式的技术模仿提供了实用且较为廉价的替代品，也是对渴望成为时尚领袖的替代品拥有者的一种赞许和首肯。科学和实用技术知识如今通过印刷品得以广泛传播，激发了见贤思但正如工业化前的欧洲那样，技术的成功转移（如德国铜匠或威尼斯玻璃工）显然终归只能通过熟练技工的迁移来实现。因此，就技术的成功变革和转让来讲，基本要素仍然是人与人之间的接触。当然，这些变化也是全球扩张的结果，借此开辟新市场，建立海洋网络，推动资本主义转型，进而在规模上和消费方式上根本改变工业生产的性质。

第三章

经济器物

斡旋在价值与交换之间

克里斯蒂娜·J.霍奇

经济器物与"神秘事物"

经济器物是理解启蒙时代（1600—1760）人员和物品快速全球化的核心。学者们特别关注交换、商品化和消费等问题，这些是近代早期西方发明经济器物和经济制度的基本要素。本章回顾了两种具有象征意义的"经济器物"——硬币和贝珠的文化史。17和18世纪人们对可交换物品态度的演变，通过这些器物得以彰显。特别需要注意的是，这些器物将经济和非经济价值体系联系起来，产生了诸如结构不平等和种族进化等社会效应。

全球交换系统在新兴商业和资本主义经济制度、日常用品的意义和价值、品味和奢华观念、消费的道德内涵等方面所带来的发展变化是显而易见的。重要的是，经济器物从来不会一成不变。它们的物体情境不可避免地与艺术、身体和日常生活世界水乳交融（见本卷第四、五和七章）。但是，将物体作为"经济器物"进行研究，重点是要探求它们如何与人互动并通过人来创造经济制度，以及经济制度如何通过流通器物及其附加价值渗透到世界其他事物中去。

关于人与物之间的关系，有两条颠扑不破的真理：一是它们构成了世界，二是它们总在变化。因此，围绕经济术语的定义不可避免地存在争议，围绕"经济器物"的分野也难免莫衷一是。奥地利经济历史学家卡尔·门格尔（Carl Menger）认为，"经济器物"的定义应当包括6个方面，即"物品、商品、货币、价值、价格和交换"。卡尔·马克思将市场资本主义体系中的商品视为"神秘事物"，主张不用商品是什么而用商品能做什么来进行定义。在其经典论述中，他认为，通过商品产生的互动，产品之间的关系似乎取代了人与人之间的社会关系。因此，对交换价值压倒一切的关注取代了礼尚往来的互惠义务。即便人们不能完全领悟马克思的这一观点，仍然可以认识到人与物之间的关系在1600—1760年发生了变化。在西方启蒙时代，商品化经济以崭新规模风靡全球。事实上，经济器物促成了启蒙运动和今天人们所理解的西方的出现。

目前，大多数关于经济器物的讨论仍然囿于经济学领域，而非社会史、历史人类学或考古学领域。这种学科分裂说明西方在虚构货币价值和其他价值之间的分歧。有鉴于此，对经济器物的学术研究通常涉及商品化（市场上的商品生产）关系，而非贸易（物品的远距离交换）、馈赠（出于社会和情感原因赠送的物品）或消费（出售给个人或由个人购买以供使用的物品）。

阿尔君·阿帕杜莱是为数不多的明确将商品概念性地解释为"经济器物"的人类学家之一。他对商品的定义仍然紧扣过程，但通过文化和时间语境的跨越，将马克思对非资本主义社会的看法进一步光大。阿帕杜莱认为，简单地说，商品是任何"具有经济价值"的东西，"经济价值不单是广义上的价值，而是基于等价性评估的价值总和"。因此，所有东西都具有"商品潜力"，并无实际上的"商品和其他种类物品之间的神奇区别"。在马克思阐述的商品"神秘性"中未曾触及的东西，这一可塑性定义给予了补偿，放开了对"经济器物"阈限，将与商品化物质文化有关的所有关系（贸易货物、消费品、人类和动物劳役等）全都兼收并蓄地包罗进来。

阿帕杜莱还探讨了器物怎样整合经济学家们一直热衷分离的货币和非货币价值体系。他令人信服地阐述了经济器物的流通催生了不一定非得与交换有关的附加"价值体系"。与此同时，过去经济器物的共同参与实质上连接了不同的存在方式。阿帕杜莱承认，他对法国社会学家皮埃尔·布迪厄（Pierre Bourdieu）将消费与意识形态归化联系起来的实践理论推崇备至。下文关于经济器物的讨论借鉴了这些观点，但通过详述物质性和器物能动性，与阿帕杜莱和马克思核心学说中的人/物二元性形成了对照。

启蒙时代经济器物在四个方面产生了重大影响。首先，器物"不断地宣示它们作为物质力量和物质符号的双重存在。它们决定了我们在世上的行为方式和我们的世界观"。物质品质和表现能力一样，使得器物能够形成经济系统。其次，经济器物具有超出分析尺度和文化边界运行的能力，例如自我/他人和我们/他们。有时，人们称为"调停型价值体制"的影响，既有整合性，又有超越性。随着经济器物的流通，它们揭示了结构类别的建构性，如丈夫/妻子、绅士/平民、基督徒/非基督徒，还展示了人为分离的价值体制（经济、精神、性别、功利等）的复杂性。经济器物提供了挑战社会结构的新机会，同时也肯定了这些结构的重要性。再次，教化与被教化、种族化与被种族化的"价值"观念根深蒂固，既适用于器物，也适用于人。在17、18世纪的西方（欧洲及其殖民地），随着评价和交换机制的演进，内在效用、外在潜力和道德含义的新概念受到约束。启蒙时代经济器物的第四个重要影响是它们通过传播新的评价交换系统，在"笛卡尔"价值体系的归化中扮演着载体的角色。

在整个启蒙运动中，器物交换争议颇多，是政治化的和即兴式的，而即兴式的器物交换与西方经济假定的理性基础形成了矛盾。跨文化接触对习惯范式提出了挑战，拓宽了人们看待器物为了什么、为了谁、能做什么等问题的视野（图3-1）。选择购买什么和从谁那里购买；通过替代市场挑战对自主性的限制；通过走私和私掠逃避官方结算；鲸吞欧洲人、非洲人或亚洲人制造的物品，将其据为己有，变成英国人、土著人、非洲人或美洲人自己的东西；滥用官方货币；利用消费者对品味的选择和判断，凡此种种，这些有形的具体实践不仅助长了个人赋权，而且还改变了文化。

无论是在农村、城市、宗主国还是殖民地环境中，经济器物都能使不同地位、种族和性别的个人从容应对影响他们生活的等级结构。流通的东西越多，它们提供的机会也就越多。然而，在经济器物世界中"买入"的人越多，这些体系就变得愈发根深蒂固。1600—1760年，这些物质活动产生了价值体制，跨越了社会边界，并影响了西方向今天我们所谙熟的工业、资本主义、多元文化、离散社会的后续过渡。

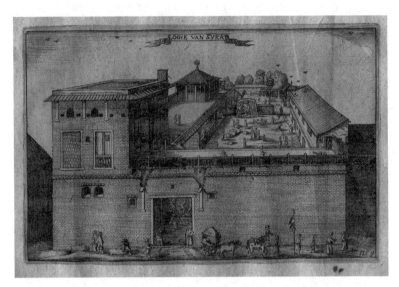

图3-1　荷兰布商彼得·凡·登·布鲁克（Pieter van den Broecke）《西非亚洲纪行（1605—1630）》（*Voyages to West Africa and Asia 1605–1630*，1646年出版）一书中关于"苏格拉特住宅"的铜板雕刻插图，描绘了1629年荷兰东印度公司在印度西部港口城市苏拉特的工厂、仓库和宿舍的繁荣景象。该书是荷兰历史学家艾萨克·科梅林（Isaac Commelin）主编的经典丛书《荷兰东印度公司的创建与发展》（*Begin ende Voortgangh van de Vereenighde Nederlantsche Geoctroyeerde Oost-Indische Compagnie*）中的一本。图中建筑由登·布鲁克于1616年建造，是荷兰人在苏拉特开发成功的首个项目。此时，英国东印度公司进驻苏拉特已有8年之久。18世纪早期，英国驱逐了其他欧洲列强（荷兰、葡萄牙），接管了这座建筑，并垄断了印度香料、印花棉织品、茶叶和其他货物的贸易。该插图为公版

钱币制造

现金

拥有"经济价值"能使一件物品变成适合交换的"经济器物"。但是什么东西有价值呢？你肯为一件特定的东西付出多少、交易几许、做些什么或者承受几何？受德国社会学家格奥尔格·齐美尔（Georg Simmel）的启发，阿帕杜莱认识到，答案"从来不是器物的固有属性，而是主体对它们的主观判断"。尽管货币没有客观价值，但却是最有效和最复杂的经济交换工具。金钱的魅力在于它似乎具有内在价值，这种价值通过集体的社会实践得以巩固。阿帕杜莱和齐美尔发现，相互构成的欲望是交换的核心。在近代早期的日常生活中，我们从货币的影响中看到了权力和欲望的两面。

1600年，作为标准化、可替代、持久性的流通交换媒介，货币在欧洲和亚洲以外还相对较新。其已知的最早形式金属硬币可追溯到大约公元前600年的安纳托利亚（位于今土耳其境内）和中国。如今，货币的价值是由复杂的全球供求体系决定的，不受任何有形商品的约束。在近代早期，大多数货币的价值由政府法令决定，并与黄金这样的商品挂钩。这些体系努力使货币成为一个可预测的经济器物，用于在遥远的帝国领地里定义和交换价值，但在近代早期的人与金钱的关系中存在内生的不稳定性。

"冷硬现金"虽然能满足双手的攫取欲、钱包的鼓胀度、口袋的充盈感，但事实上其物质属性却不可倚靠。宗主国列强们的价值却无法在殖民地中实现可预测的转化，影响因素有：金属价格会出现波动；曾经的法定币种被掉包；前工业时代的生产状况使得官商勾结、偷工减料地让硬币合金的质量大打折扣成为可能；赝品在半明半暗地招摇过市。硬币金属的相对可塑性促使个人对通货随意进行处置——修剪、穿孔、熔化、改形等，不一而足。有些修剪是得到授权的，比如西班牙本洋里亚尔[1]。即使是货币的相对价值也变幻莫测，在可感知的内在价值（源自货币的材质）和表征价值（人们认为的货币价值）之间摇摆不定。货币的其他物质示能[2]还包括穿孔、弯曲、藏匿、标识和赠与，所有这些都彰显出货币的神秘性、情感性和防护性。未经授权的改变将货币的经济价值与精神、外交等其他价值绑定在了一起。

硬币和后来的法定纸币通过欧洲殖民主义行径进入美洲。西方帝国主义列强图谋利用他们的货币流通来规范经济行为（并通过关税、贡品和对茶、糖和纸等实行课税，来充实因冲突和领土扩张而日渐空虚的国库）。在美洲和其他地方建立殖民地，主要目的是让财富从殖民地流向宗主国，"将财富揣进[欧洲（政治和商业）]霸主的钱包"。然而，值得注意的是，这一企图经常导致欧洲贸易货物的泛滥，纽约哈德逊河谷的毛皮贸易就是一例。路人皆知的是，法定货币根本无法满足殖民地经济的需要。金币和银币因其金属成分而保有内在价值（尽管这些金属自身价值并非固有），但在市面流通中可见的却凤毛麟角。

人们通过两种方式来应对长期的币种短缺，一是制作信用和债务的纸质记录（票据、支票、分类账簿等）；二是开发（或继续沿

1　西班牙本洋里亚尔，西班牙曾经发行的一种银元，因含银量高、数量大，在十七、十八世纪获多国青睐，成为市场交易主币。——编者注

2　物质示能，指物质与人之间的关系，或说是物质所表现出来的能量，给人以可操作性或不可操作性，如（不）可移动、（不）可穿透等。——编者注

用）官方和中央金融机构不予认可的地方货币。1600—1760年，欧亚的硬币和表征纸币（代表实际硬币、金条或其他物质财富）加入了由珠子、贝壳、种子、牙齿、矿石、毛皮和其他介质构成的现有本土交换系统。此外，还有用铜和铅等普通金属制成的设计独特的代币、筹码和赝品等替代品。17世纪，此前仅用于记账的代币作为广告、纪念和宣传品以及（在北美）从事本土贸易的币种流通开来。

这类交换币种具有表征价值，但本身没有价值可言。关于这种似是而非的币种的公开使用，一位18世纪晚期的盎格鲁－加勒比贸易商认为，"我觉得这种货币的内在价值，从未引起任何本地商人的注意……只是作为流通媒介（存在）"。因此，货币问题及其物理属性的实际影响，既至关重要，也无关紧要。

里亚尔

堪称首个全球通货的西班牙本洋里亚尔显示了近代早期货币的矛盾性。随着它们平步世界，里亚尔及其盗版和赝品以前所未有的规模创造了共享的物质体验和价值体制。除了兼具商品货币（具有标准价值的物品）和法定货币（其价值由政府当局颁布的物品）的作用外，白银的物质属性使其成为"一种似乎恒久不变的交换媒介"，因为它可以摇身一变成为当地货币或重新制成非硬币物品。白银的重构能力，象征着近代早期经济器物变化无常的本质。

如果说资本主义是"征服所引发的"西班牙属美洲殖民地"最重要的变化"，那么，货币的流通则助推了这种变化。实际上，西班牙通过残酷的当地劳工征召制度赚得盆满钵满。这些劳力的身影从矿井到作坊再到运输业，随处可见。及至17世纪，西班牙业已建立了数家"新世界"造币厂，所制造出的银币符合欧洲法定货币的苛刻标准并大量出口。17世纪发行的里亚尔对18世纪英国是消费社会的"产房"、荷兰是世界上首个"现代经济体"的定论发起了挑战。

标准化和流通使西班牙本洋（物理和数学意义上的8里亚尔）成为一种全球信赖（和乞求）的商品。沉船考古的发现表明，里亚尔不仅辅佐了西班牙的殖民掠夺和帝国扩张，也维持了横跨大西洋和太平洋地区的英国、法国、葡萄牙、瑞典和荷兰的殖民攫取和帝国进犯。例如，对1702年在毛里求斯附近海岸的战舰"斯皮克号"残骸进行的考古，发现了4块切割的里亚尔碎片和两块完整的里亚尔，和它们一起出水的还有近代开罗、威尼斯、奥地利、荷兰、印度和也门的金银硬币。

可塑性与标准化、可交换性同等重要。产于美洲的"打制"里亚尔形制不规则，可进一步修剪成（表面上）正确的白银重量。或许是有意为之，有的打制成心形或石榴形，借以表达西班牙君主的爱民之情，间或模仿宗教标志进行铸币。里亚尔也经常被剪成8个面值更小的币块，体现了物质性和价值之间的即兴关系，而有些则充作护身符。为了寻求庇佑和进行祷告，被迫沦为奴隶的非洲人及其后代通常会洞穿西班牙本洋，将它们擦得熠熠放光，在中间设计上一个十字架，或利用白银进行"验毒"。到19世纪末，穿孔里亚尔已成为四处流散的非洲民间魔术的有机组成部分。

当然，我们不能轻易地就把这样的穿孔硬币仅仅算在非洲人的头上。种族和民族身份，甚至本章中罗列的"欧洲人"与"非欧洲人"的基本区别，在1600至1760年间都不是一成不变的，而是与无数其他身份共同主动杂糅而成。硬币给这些剪不断理还乱的民族融合注入了活力。1600至1760年间，穿孔里亚尔、其他硬币和非硬币代币经常在西班牙多种族殖民地被发现，包括佛罗里达州圣奥古斯丁和18世纪早期德克萨斯州要塞和洛斯阿达斯布道团驻地，那里有来自新西班牙的定居者、法国难民、卡多印第安人和从法属路易斯安那逃脱的非洲奴隶。与非洲一样，欧洲民间习俗通过物理转化仪式也给器物注入了活力。例如，英格兰和威尔士便携式的古董方案数据库（图3-2）（便携式古物与珍宝部）录入了1800余枚后中世纪作为纪念品或爱情信物的弯曲银币（含里亚尔）。这类做法在大西洋彼岸也司空见惯。在马萨诸塞州剑桥哈佛学院18世纪的地窖中发现过一枚严重磨损的17世纪的穿孔铜币（皮博迪考古学和人类学博物馆），那里曾经是一座保守的英裔美洲人的堡垒。

图3-2　磨损的腓力五世（1700—1724年在位）本洋。1720年前后在塞维利亚造币厂铸造，发现于英格兰汉普郡。这枚硬币被故意两次弯曲成英国典型爱情象征的S形状，背面被磨平并冲压上了一枚当时与法国和基督教密切相关的百合花图案。版权归温彻斯特博物馆服务部所有

佩戴穿孔硬币属于众多物理转变（例如弯曲、水中投币、冥币和奠基币）中的一种。人们将硬币从经济流通体系中取出，引入到其他价值体系中去。近代早期的人们将硬币视为可塑器物，从物理和概念上对其进行改造，使其附着了情感、精神和附加价值。作为一种经济器物，能提供自我赋权和庇护的货币既赋能又颠覆了帝国（政府）对人们日常生活的操控。货币的功能定义忽略了这些影响，将其扮演的社会角色限定为：（1）交换媒介；（2）价值存储；（3）记账单位；（4）支付方式。这种理解，往好处讲是边缘化了货币的重要性，往坏处说是忽视了货币的重要性。在日常生活中，这些器物的经济活动、表征重量和情感影响完全被混为一谈。有些货币交换媒介的角色时隐时现，而有些则从流通渠道中匿迹，不再作为"货币"，其"价值"演变成了护身符、纪念品或某种承诺。无论其形式如何，货币都促进了个人与交换商品世界之间新关系的形成。

贸易与串珠
贝壳串珠

经济器物也会通过解构美国历史学家理查德·怀特（Richard White）所称评价性交换"中间地带"的地理和文化空间而对世界观施加影响。怀特探讨了17世纪北美五大湖区毛皮贸易中阿尔冈昆人、法国商人和天主教传教士的务实妥协。交易各方出于种种复杂原因，都对毛皮、贝壳串珠、玻璃珠、纺织品、枪支、金属制品等趋之若鹜。然而，通过交换，物品以商定的价值为基础调和了不同的文化体系，虽说不一定实现了替代，但却使价值观趋于多样化。

这种综合力量赋予了经济器物跨界的潜力。当置身其中的参与者体验到他人的替代价值观时，他们自己的价值观也会随之发生改变，世界上不同的生存方式进而得到采纳、适应、回绝、盗用、模仿和利用。

怀特的"中间地带"反映了五大湖区早期经济纠葛的特殊状况——远离欧洲权力中心，参与群体之间的相对平等，以及在新兴市场经济中维护功能关系和互利参与的强烈兴趣。并非所有的经济接触都始于或能保持如此公平。尽管如此，对近代早期的其他学术研究表明，即便在地位、宗教、性别和（或）种族之间存在着巨大的力量失衡之时，经济器物依旧维系着其整合潜力。正如怀特案例研究所表明的那样，在殖民贸易中，经济器物同时跨越和创造边界的多标量方式尤为明显。在非洲、亚洲、太平洋和美洲，欧洲和本土代理商根据各自的目的，对原有的交换网络和商品做出了调整。反过来，离散的殖民产品流回欧洲供当地消费或进一步流通，进而影响了从港口城市到农村集镇的生活。由此产生的多种制度使得货币化和非货币化经济通过当地的交换体系相互交织起来。跻身全球交换网络的非欧洲经济器物的物质性，正如法定货币一样，揭示了启蒙运动时期西方萌发的新型关系。贝壳串珠的不稳定货币化就是这些效应的一个例证。

1600—1760年，贝壳串珠和货贝这两种贝壳既作为货币又作为商品出现在全球贸易中。由北美东海岸的白色和紫色圆蛤壳或荷属加勒比海库拉索岛的白色和黑色海螺制成的贝壳串珠，与土著文化习俗和传统知识密切相关。货贝（下文讨论）是一种海洋属壳类，常见于印度洋和太平洋，与西非和中西非文化习俗联系紧密。贝壳串珠和货贝跨越了文化间以及经济和非经济价值体系之间的界限。像银币一样，制造出的贝壳串珠也会发生转型，例如，从一个物体的组成部分（钱串）转变成另一个物体的组成部分（如缔约时佩戴的腰带）。商品化的贝壳串珠将欧洲与其殖民地利益联系在一起，同时也为新兴的种族、性别、地位和政治集团服务。

资本主义意识形态把经济器物的存在想象成一条线性"供应链"，从原材料到生产流程再到流通、贸易、使用和废弃，一气呵成。这种模式是人们通常想象的贝壳串珠生产方式，但这种解读的准确性取决于这些串珠何时、何地与谁相互作用。早在16世纪末欧洲人开始探索美洲东北部海岸之前，许多阿尔冈昆和易洛魁沿海部落的匠人就已经生产出了贝壳串珠。这些产品通过贸易和交换进入美洲大陆遥远的内地和西部地区。串珠的颜色十分重要。白色象征着纯洁和幸福，更有价值的紫色或黑色则与哀悼和战争联系在一起。作为交换媒介，贝壳串珠用绳子系在信息棒上本身就寓意深刻；绑在手腕上、穿在耳朵里、插在头发中、别在衣服外或缠在脖颈下，它就是一种名贵的物品，体现着个人的身份；编织成带有错综复杂图案的腰带，它就成为集体记忆和政治承诺，是对过去的物化和认同、对当下的批判和对未来的憧憬。在"本土空间"中，贝壳串珠拥有重塑隶属关系和生成义务的矛盾力量。任何"供应链"都无法充分体现贝壳串珠所扮演的这些角色的复杂性。

哈佛大学皮博迪考古学和人类学博物馆收藏的18世纪易洛魁或称佩诺布斯科特腕饰，是贝壳串珠具有多重经济、个人、社会和精神价值的例证。该饰物平放时长18.5厘米，宽13.5厘米，其梯形设计在佩戴时能贴服手腕。腕带的20排贝壳串珠主要由大约1250个昂贵的、用情用心搭配的紫色贝壳串成。在深色背景下，腕带打造者用7个白色钻石形状作为装饰图案，以对称的 V 形图案排列，与腕带和手臂上的锥形相呼应。不同寻常的是，其中一条串珠上挂着一个小小的金属基督十字架吊坠。这种亲情点缀令腕带愈加扑朔迷离，虽然难以解释但却平添了些许价值。

17世纪早期，贝壳串珠的当地用量急剧增加，因为它俨然华丽转身成了像上文提及的腕带那样的"奢华"饰品，以及头面人物佩戴的类似腰带、头带、束带的装饰品。仅在17世纪上半叶，就出产了数百万标准化管状贝珠，詹姆斯·布拉德利（James Bradley）称为"贝壳串珠现象"。在方兴未艾的跨文化经济体系中，贝壳串珠的可交换性无疑极具价值，因为旧世界欧洲的竞争很快通过这种富有表现力的新世界媒介实现了物质化。及至1626年，对贝壳串珠近水楼台的荷兰，和法国相比占尽了贸易优势，也向英国昭示了良机。（美国东海岸马萨诸塞州城市）普利茅斯殖民地总督威廉·布拉德福德（William Bradford）断言："最能让他们（荷兰人）获利的……是在白色贝壳串珠贸易中占得的先机。"布拉德福德进一步指出，"奇怪的是，没过几年，这种串珠贸易就令印第安人自身发生了巨大的改变"。随着贝壳串珠从名贵器物变为普通商品，他忧心忡忡地得出了"假以时日，贝壳串珠可能会害人不浅"的结论。布拉德福德的担心似乎不无道理。1622年，一名荷兰商人开出140英寻（海洋测量中的单位，140英寻约为256米或约50400颗贝珠）海螺串珠的赎人条件，方能放走他绑架的一名印第安人。

1620年，贝壳串珠在新阿姆斯特丹成为法定货币，17年后在新英格兰成为授权通货，6颗贝珠价值约一便士，而贝壳串珠和其他任何货币一样都难逃伪造。1642年以后，马萨诸塞湾殖民地的哈佛学院接受贝壳串珠作为学费，并从每年通过查尔斯河渡船带来的价值30～40英镑的贝珠中获益。

哈佛学院的贝壳串珠水货是臭名昭著的来自欧美的劣等品，因此价值很低。考古学和文献证据表明，到18世纪中叶，"贝壳串珠加工从（17世纪）美洲土著活动转变为欧美家庭作坊产业"。（美国东岸）纳拉甘西特湾是17世纪贝壳串珠部落制造中心。后来，纽约州的奥尔巴尼和新泽西州的帕克里奇成为早期工业化大工厂生产的主要中心。因此，新大陆的欧洲人彻底采用了本土交换做法。他们以标准化形式实现量产，将贝壳串珠作为经济器物进行交易，并用它来评估各种其他经济器物。事实上和概念上，物体被"翻译"成了贝壳串珠，反之亦然。17世纪后半叶，由于货币流通状况的改善，贝壳串珠作为货币的地位终于日薄西山。然而，在利润丰厚的北美毛皮贸易中，贝壳串珠继续发挥着一种稳定、标准化的交易媒介作用。

在成为货币之前，贝壳串珠是群体沟通的物质手段，故而它塑造了经济、政治和情感关系。17世纪50年代，作为商品化的经济器物，贝壳串珠价值飙升，从公认的欧洲货币转变为边贸货物，但它的其他价值从未真正丧失，甚至还与日俱增。对起源于沿海阿尔冈昆和易洛魁地区的贝壳串珠的需求，在内陆部落中日趋看涨。1600—1760年，贝壳串珠的装饰用途更加广泛，用于外交的腰带也有所增加。如今，通过归还祖传器物，神圣缔约腰带[1]中贝壳串珠占据的一席之地仍然得到人们的认可。土著人民依旧在以上述所有方式制造和使用着贝壳串珠。历经了启蒙运动的贝壳串珠为其全球化和商品化进程作出了不容小觑的贡献。

货贝

贝壳串珠的贸易流通仅限于其原产大陆。启蒙时代的第二大西方贝壳商品货贝才真正成为一个全球现象。到1600年，货贝作为主导西非贸易的通用货币已经持续了数百年。它们还在占卜和其他仪式上现身，是生育能力的象征，兼做游戏代币和个性饰品。与贝壳串珠不同的是，货贝非常耐用，"几乎不可能山寨"。西非"货贝产区"出产的货贝价值是印度洋货贝价值的数倍。16世纪初，随着跨大西洋奴隶制的滥觞，货贝从非洲货币变成全球贸易媒介。例如，法国船只将欧洲出口产品运往亚洲，然后在那里装载西非所需的太平洋货贝和印度印花棉制品。西非和欧洲的贸易商用货贝货币和优质纺织品交换奴隶，随后将他们卖往法国的新世界种植园。种植园剥削奴隶生产糖和其他新世界产品，接着销往欧洲，从而为这一循环画上了句号。从航海日志中可见，货贝不仅对殖民地举足轻重，而且对欧洲经济本身也至关重要。多余的货贝被悉数运回欧洲，助推了英国、法国、葡萄牙和荷兰之间的货贝贸易。这一贸易活动拉

---

1 使用贝壳串珠的一些民族，如美洲的印第安人，因没有本民族的文字，在举行重要仪式或与其他部落签订合约时，往往会使用几种不同颜色的贝壳珠制成有对比图案的贝壳串珠腰带，用以"记录"仪式或合约的内容，因而也有缔约腰带一说。——编者注

动了货贝分拣、包装和转运行业的形成。

正如银币里亚尔成为全球流通的经济器物一样，从马尔代夫群岛、非洲到加拿大、新英格兰，再到中大西洋、加勒比海、巴西和欧洲，文献记录和考古实例都证实，货贝也跻身全球经济器物之列。人们通常把货贝视为非洲或非洲后裔存在的象征，1854年在波士顿非洲裔美国人会议中心挖掘的壕沟里出土的货贝就是一个实证。继希思之后，学界再度关注起货贝在市场交易体系中作为货币的行为，进而揭示了一个与世人熟知的货贝自塑和礼仪功能并存的重要新功用。

欧洲商人并没有忽视货贝所体现的多重价值体系。相反，他们对此善加利用，就像奴隶们利用围绕这些替代价值观所形成的误解和偏见来反对他们所受到的统治一样。虽然人们通常不把经济器物这一类别纳入其中，但它们应该成为其中的一部分。在欧洲全球商业体系中，货贝的多负担性使经济器物从商品化的角色滑向商品化的对立面——在奴隶制度中旨在剥夺人格的群体个体化——变得正常起来。与穿孔硬币一样，货贝通过其在全球化交换中所扮演的经济器物角色，与各种族发生了关联。

社会实践中贝壳串珠的研究，向经济器物到商品的线性变换假设发起了挑战。贝壳串珠和货贝都没有丧失"非货币"价值。土著和非洲人不仅与贝壳的固有力量维系着传统关系，而且还发展出了新的关系。1600—1760年，贝壳串珠在缔约腰带中得到了更广泛的应用，进而更多地展示了自我，而货贝则强化了新大陆非洲离散部落的民族起源。贝壳用作欧美货币虽然几经兴衰，但它们的物质性始终存续，它们的价值并没有脱离经济价值体系，而是通过它折射出来。并非所有的可交换东西都拥有贝壳通货那样的精神皈依、政治捭阖、象征意义或情感寄托，但是，所有的经济器物都通过其在商品交换系统中的立足，激活并维持着多种价值体系。与之相仿的是，许多西方经济器物在严格意义上讲已然"欧洲"不再。贝壳通货的研究表明，经济器物通过分解欧洲－非欧洲和全球－本土等二元论，对上述探讨给予了有力的支撑。

反思：人，器物，关系

启蒙运动是通过经济器物的全球化及其本土化消费，由商业和资本主义经济形式的发展形成的。借助情境化实例和物质性聚焦，上述章节探讨了经济器物在启蒙时代的发展：

1. 表征性和材料性交织产生了复杂的物质性。

2. 凭借这些物质性实现跨分析范畴、文化边界和价值体系的流通。

3. 通过这些越界行为，传播道德化－被道德化和种族化－被种族化的"价值"概念。

在所有这些特性中，经济器物改变了人们的态度。这些过程是以个体为单位发生的，或多或少受到管理、外交、贸易、暴力和社会等级等宏观结构的制约。这样的复杂关系以合理的新方式重塑了世界，而这些方式又定义了西方启蒙运动，尽管它们从未受到西方列强的完全操控。

西方对经济器物的道德化不单是一种启蒙现象，而且是贯穿近代早期和现代存在方式的一条主线。马克思在其经济人类学说中依靠既定的道德变化将资本主义商品等同于社会衰败，将前资本主义制度等同于理想的自然状态。米勒在早期人类学思想中发现了类似的动态，他主张将礼品和商品之间的关系视为类似于善与恶之间的二元关系。与其分庭抗礼的是斯塔尔。他从器物文化史研究中得出了一个重要的观察结论，即"商品不是稳定的实体"，在价值和文化体系中流转时，它们不会以某种方式留有"基本特性（善、恶及其他）"。然而，它们所能做到的是创造新的习惯做法，体现新的价值观。1600至1760年间，在经济器物通过消费进入个人生活的过程中，这些价值观包括悬而未决的充裕与奢侈、自治与他治之间紧张的道德关系。

学界证明了通过经济器物的流通所形成的评价和交换的物质性。这些过程在产生、整合与扩展西方经济体时，可以说习惯了物体与其抽象"价值"之间的笛卡尔式隔阂。笛卡尔提出了"属性"（稳定的物质/材料）与"模式"（不稳定的价值/意义/效果）的分离，这种区分与人类体验中更为熟悉的精神（内在）与物质（外在）世界并存。通过评价式交换，特别是商品化，经济器物的物质属性及其模式被解耦[1]。物化话语使这种分离合理化和自然化。他们还颁布了一套个人所有制的会计制度，从而影响到具有西方启蒙运动普遍特征的人格个性化。个人与个人身份之间的紧张关系——在这种关系中，"根据个人在群体中所展示出的地位来对其进行定义"——值得在近代早期语境中进行深入研究。经济器物在这方面可以有所帮助，因为流通中的东西是人类生存的基本组成部分。

然而，很少有关于近代早期物质文化的研究（即使是这里探讨

---

1 耦合，物理学上指两个或两个以上的体系，或两种运动形式之间，通过相互作用而彼此影响以至联合起来的现象。解耦就是解除耦合，分开处理问题。——编者注

的那些）公开地"讨论"经济器物。这一事实反映了上述深刻的学科分歧。这些分歧反过来又赓续了文化衍生的笛卡尔式货币和其他价值观的分离，而分离本身恰是启蒙运动实践的遗产。对"经济器物"的经济研究通常仍将其描述为以法律为基础的市场体系中"抽象经济现实"的组成部分，对非经济学者而言，这似乎是删繁就简和不可抗拒的。本章所回顾的研究表明，现在到了通过社会历史和社会科学重新定义"经济器物"一词的时候了。"经济评价的主导体制"正受到一种观点（经济学中的反传统观点，人类学中的规范观点）的积极挑战，即"存在无法进行经济计量的不可公度性[1]价值，或许更根本的是，经济计量本身是基于超越自身理性的非经济价值"。鉴此，人们可能会使用"经济器物"的历史文化概念来（1）削弱资本主义规范思维（如米勒2006年所力挺的）；（2）跨越分析范围和文化语境。

还应当记取的是，经济器物远非法律类系统的抽象组成部分，而是（且应始终视为）权变社会制度中的物质行为体，可以用纠葛、集聚、捆绑、行为者网络和（或）网状组织等诸如此类的描述方式来加以探讨。这一论点并不新鲜，但值得重新提起。事实上，少数经济史学家提出这一主张至少已有20年之久。格洛丽亚·苏尼加（Gloria Zúñiga）在接受"精确"经济规律存在的同时，提出了这样一个问题："究竟是什么使一件东西成为经济器物？"她的结论是，必须利用本体论的方法来回答这个问题，不去理会世上虚幻的规则，而是关注身边

1　可公度性，亦称可通度性或可通约性，指如果两个量可以合并，那么它们就可以用同一个单位来衡量。——编者注

真实的存在。

　　本章所使用的较为宽泛的经济器物概念，囊括了由"以此换彼"的评价性交换所激活的关系和跨越多个价值体系的流通，这进一步彰显了启蒙运动时期（以及此后）形成其"不确定性"的道德光环。回到本章开头的定义，"成就"经济器物的并非它是什么，而是它做了什么。经济器物是物质关系，在创造评价交换系统和价值体系方面发挥着积极作用。追踪经济器物的多重创造力是人文物质文化研究和社会科学的一项重大跨学科贡献。

　　通过考察经济器物，学者们可以跨越微观和宏观的分野，纵览近代历史。辩论可以有效地回避在资本主义和前资本主义经济之间或社会和实用价值之间泾渭分明地划清界限的尝试。正如安·斯托勒（Ann Stoler）所言，我们也可以逾越"业已形成的国际鸿沟"，在试图解构帝国边界（地点、时间和人）的学术研究中重新划定帝国边界。安·斯塔尔主要专注于捣毁偏狭的欧洲第一的现代宏大叙事。她建议开展一个追踪跨越帝国边界的物质文化流动的比较项目。

　　经济器物还可以做得更多。当人们把它们视作人与物之间的情境关系时，它们可以提供全新的视角，让人们去审视巨大变革中的西方。它们将边缘化的部落带回启蒙运动的"全球时刻"，不过矛盾的是，却"抗拒被一种全球叙事所同化，而正是这种叙事赋予了西方现代化传统以特权"。它们将最广泛的范式转变[1]（笛卡尔二元性、

1　范式是美国科学哲学家托马斯·库恩在《科学革命的结构》一书提出的一个概念和理论，是指某一共同体成员所共同遵循的世界观、价值、技术和行为方式的集合。所谓范式转变，即在基本理论上对根本假设的改变。——编者注

种族化和新兴的商业资本主义）与日常生活的亲密关系联系起来。它们在帝国内部的流动与跨帝国的流动不可分割，同样都是跨地域的、越界的，值得研究。将上述问题整合到一起，是将正在进行的启蒙时代器物文化史研究推向深入的关键路径。

第四章

日常器物

对殖民地美洲普通物体的观察

贝弗利（布莱）·斯特劳伯·福萨

引言

倘若人们把某物称为"日常用品"，就平添了一层寻常的意味，一份平素的期望，一种隐形的寓意。英国人类学家丹尼尔·米勒说：

……器物之所以重要，并不是因为它们显而易见，可以施加实际的限制或赋能，而是恰恰相反——因为我们往往无法"看到"它们。我们对它们知之越少，它们就越能通过设定场景和检点行为以避免挑战，从而在更大程度上决定我们的期望。

1600至1760年间的日常用品，与之互动的个人通常"视而不见"。这并非物理意义上的说法，因为根据定义，它们不是与人们日常生活相关联的东西，而是一种有意识的自我意识，即器物在他们的生活中有能动性。过去40年间，社会历史学家、历史学家和考古学家在物质文化研究方法上的演进，通过研究器物与人互动产生的意义以及这些意义如何随时空变幻而转化，令人们对日常器物有了更为全面的历史性解读。当这些器物成为日常生活中使用的普通物品时，它们可以为研究人员提供探索人们选择与动机的途径。过去的人们是如何选择消费他们的资源的？他们那样做的原因是什么？通过研究日常生活中使用的物品如何随时间而变化便可清楚，有些物品变得越发不可或缺，而另一些物品则从文献和考古记载中销声匿迹。这一点对17世纪初建立、18世纪末独立的英国北美殖民地来讲尤其如此。社会历史学家注意到了一场消费革命——这场革命在17世纪50年代如火如荼，它要求为个人的自我定义和社会互动提供一系列全新的、截然不同的家庭用品。人们越来越多地利用器物去"协调彼此之间的关系，并通过他们所生存的社会来调适自己的日常生活"。

我们从哪里获取的这些信息？遗嘱、日记和同时代绘画都颇有裨益，但研究人员发现的最丰富的信息源当属遗产认证清单。这样的清单会对个人行将就木时的可移动家庭物品进行计数和估价。然而，尽管清单具有研究价值，但应当承认的是，这些透视人们日常生活的窗口视角仍有局限。收受人之间的描述往往存在出入，廉价物品可能会被忽略，而且清单也并不一定具有代表性。威瑟里尔对英国8个不同地区的近3000份遗产认证清单进行了研究，发现中产阶级提供的信息最佳，尽管卡尔（Carr）和沃尔什（Walsh）发现，来自马里兰州和弗吉尼亚州的7500份殖民时期遗产认证清单足以代表全部家庭。此外，清单系个人死亡时的一种记录，因此，它包括随着时间的推移而积攒下来的器物，而不一定非得是当下使用的东西。

另一个主要证据来源是对英国北美殖民地进行的考古调查。这些调查提供了建筑模式和房间用途演变方面的信息，揭示了居住在英国北美殖民地人们的物质世界。通过对詹姆斯敦遗址（1607年英国在弗吉尼亚开辟的最初定居地）长达25年的发掘，获得的最重要信息之一是人们从一开始便渴望获得使自己与众不同的器物。拥有别人无法企及的、非同寻常的、异国情调的和价值不菲的器物，并且居然在离群索居的詹姆斯敦殖民地还能用上这些器物，这反映了一个人日渐显赫的身份，也表明了他在社会中鹤立鸡群的地位。第一个殖民地詹姆斯敦充斥着绅士阶层、冒险家、专家和劳工，他们参与开发弗吉尼亚州的资源，为自己和赞助商伦敦弗吉尼亚公司牟利。虽然早期殖民地的居住条件相当简陋，大多数人委身营房式棚屋，少数幸运儿居住在帐篷或单独的地下坑道里，但考古作业却发现了一堆奇特的陶瓷和玻璃器皿，即便英国伦敦泰晤士河畔繁华的海港贸易区的物件也无法与之相提并论。这一地区被称为莱姆豪斯（英国伦敦东部一区名，旧时为华人聚居区，以贫穷肮脏而著称），是众多与詹姆斯敦有联系的海员的家园，其中就有克里斯托弗·纽波特（Christopher Newport）船长。他是一位远近闻名的私掠船船长，当时被弗吉尼亚公司选中，率队完成了驶往计划中的弗吉尼亚殖民地的处女航。在接下来的5年里，他继续与殖民地打交道。莱姆豪斯和早期的詹姆斯敦非常相似，因为它们各自都有一大批有机会进入新大陆和远东开放性全球市场的人。通过海盗、私掠、正规或非法贸易，这些人能够弄到陶器、玻璃及其他与大多数普通百姓家产大相径庭的器物，进而拥有了社会精英的标志。

自英国在弗吉尼亚建立殖民地伊始，此后一直持续了上百年，殖民地定居者心中就始终在翻腾着一种强烈的渴求——拥有某些器物来向他人示强和标榜自己。这种欲望通过盛在昂贵的水晶玻璃高脚杯中的葡萄酒"威尼斯琼浆"反映出来。1633年，弗吉尼亚州州长就向一位荷兰商人敬上了这种酒，而彼时的詹姆斯敦才刚刚起步，只有一座教堂、3个仓库和25间木屋。另一个说明新弗吉尼亚人热衷高品质和（或）舶来品的例子，是在詹姆斯敦附近一处1635—1645年考古遗址上发现的独具匠心的马约利卡陶盘。在意大利蒙特卢波制作的这只盘子上，绘有欧洲即兴剧场上演即兴喜剧的场景。这一时期，欧洲人认为蒙特卢波的瓷器值得作为外交赠礼或为富有赞助人的所拥有，但却流落到了弗吉尼亚州的"蛮荒之地"。

本章把日常物质文化的广袤世界微缩到北美殖民地家庭这一能满足基本饮食起居需求的日常环境。筛选出的研究器物有两种：一是窗玻璃，在18世纪末之前，大多数殖民者都认为它们是可望而不可即的奢侈品；二是三脚釜，除家徒四壁者外，它曾是所有家庭的标配，但在英国殖民地衰落之前的一个多世纪里，它在英国已经不再常用。一种器物日益增多，而另一种器物却渐趋稀少，这不仅归因于人们对舒适感的追求和社会仿效的热度引领了文化偏好，也归因于技术进步和家庭、工业燃料的变化。

窗玻璃

在当今世界，人们绝少会在意玻璃制品，除非路面上飞起的石子碰巧把我们的车窗挡风玻璃砸碎了。错愕之际，我们不禁会想，多亏了这道屏障，否则，即便不会出现什么灾难性后果，也会令我们痛苦不堪。可是，如果不出现这种意外，我们又会花多少时间来观察挡风玻璃呢？英国材料科学家马克·米奥多尼克（Mark

Miodownik）认为："玻璃并没有成为我们生活中令人珍视的宝贝器物，因为我们是透过它去看而不是看它。我们器重它的原因也使它失去了我们的青睐。它于无形间充满了惰性，不仅在视觉上，而且在文化上。"然而，这种由沙子、草木灰和回收玻璃碎片制成的神奇物质的存在，并非总是理所当然。在17世纪的美洲，正如在英国一样，玻璃器皿、窗玻璃和玻璃镜是物质财富和个人地位的最敏感指标，因为它们的生产成本很高，很容易因破损而无法使用。早在1587年，英国历史学家威廉·哈里森（William Harrison）就对围绕酒杯所进行的赔本买卖颇有微词，因为"随着时间的推移，所有的酒杯都会面临同一个结局，那就是成为碎片，最终一文不值"。殖民地从英国进口玻璃制品需要支付额外的费用，直到18世纪初，德国移民卡斯帕·威斯塔（Caspar Wistar）在新泽西州南部成功创立了一家玻璃生产厂。

17世纪英国人对玻璃价值的珍爱反映在弗吉尼亚公司詹姆斯敦殖民地的最初计划中，其中就包括制造玻璃和探寻贵金属。英国玻璃的高昂成本和制造难度或许是这一计划的部分成因。16世纪末和17世纪初，由于行业竞争渐趋白热化，钾碱提取和玻璃熔炉加热所需的林地资源逐渐减少，传统的"森林玻璃"生产江河日下。玻璃作坊不得使用木材的皇家禁令已然成为迫在眉睫的威胁，逼迫玻璃作坊向用煤过渡，生产成本随之飙涨。作为玻璃生产中的一种重要原料，钾碱不再是焚烧木材后无偿获得的副产品，必须出钱购买。传统生产技术也需要相应发生改变，因为煤燃烧时会产生对玻璃有害的二氧化硫烟雾。就像在爱尔兰一样，丰富的林地资源和不受英国制造业限令影响的自由使得弗吉尼亚州詹姆斯敦的新定居点成为助力英国玻璃工业发展的一个选项。

弗吉尼亚公司股东罗伯特·曼塞尔（Robert Mansell）对这项投资也施加了影响。不久之后，他便垄断了英国玻璃生产，因此这个项目的成功与否和他利益攸关。于是，从事传统森林玻璃生产的德国制造商于1608年被派往弗吉尼亚州建立玻璃生产厂。没过两个月，"玻璃试销品"便卖回英国，但没有任何考古或文献证据证明后续产品的存在。虽然没有实证，但人们认为该项目的预期产品之一是窗玻璃。詹姆斯敦玻璃熔炉的考古遗迹包括一个为窗玻璃退火而设计的双室炉，与在英格兰萨里郡一个16世纪玻璃作坊中发现的熔炉类似。此外，在16世纪之交，伦敦出现了窗玻璃短缺的现象，因为"购买大块玻璃正成为有钱人的时尚"。皇室、贵族和富商纷纷对自己的宅邸进行改造，辟出更多装有明亮玻璃的窗户。即便如此，并不是每个房间的窗户都装上了玻璃，因为玻璃终归还是奢侈品，没被看作建筑物的有机构成。人们认为玻璃窗是动产，将其列入财产清单，房东可以将其迁移安装到新居中。

尽管法律意见并不支持这种做法，但在17世纪，人们始终把玻璃窗视为家居饰品，要与业主一起乔迁。早期的窗户都是平开窗，由多个三角形、方形或矩形的小玻璃窗格构成，通过焊接铅条连接在一起（图4-1），然后安装到木制或铁制窗框中，随后将其固定到位或铰接到窗挺上。铰链式窗扇可在嵌入窗挺的铁销上摆动，晴天时窗户可以向外打开并用铁制五金件固定。

即便詹姆斯敦的玻璃制造商们拿到了窗玻璃的生产订单，他们也不会是为了满足弗吉尼亚殖民地居民的消费需求。1640年以前的大多数殖民地建筑中都缺乏安装玻璃的考古证据。这表明窗口上覆

图4-1　荷兰画家雅各布·弗雷尔（Jacob Vrel）
创作的《窗边的女人》（*Woman at the Window*，
1654年）。维也纳艺术史博物馆馆藏，知识共享
许可协议授权

盖着的都是会在土壤中分解的材料，如油纸、织物和（或）通过铰
链连接、在木轨上滑动的木百叶窗。弗吉尼亚州最早使用玻璃窗的
遗迹是由考古学家伊弗·诺尔·休姆（Ivor Noël Hume）在詹姆斯
敦（美国殖民地遗址）附近的马丁百人定居点发现的。据他推测，
考古现场是定居点首领威廉·哈伍德（William Harwood）大约1625
至1629年的住所。诺尔·休姆发现了平开窗的铅条和窗格。在保护
铅条的过程中，人们发现许多铅条内侧都刻有"贡纳埃克塞特（英

国德文郡首府）的约翰·毕晓普（John Bishop）"和"1625年"字样。由此人们认为毕晓普是玻璃生产用夹钳的生产者。夹钳能将铸铅棒抻长、拉薄成条，紧固玻璃窗格。当铅条拉过时，夹钳滚轮便会把标记刻在铅条之上。考古发现的窗格铅条中，约有10%刻有夹钳制造者和玻璃工的姓名和（或）首字母缩写，而在殖民地时期的北美所发现的刻录日期均在1625—1749年。毕晓普的日期只能有助于解释该建筑物存在的可能的最早时间，但并没有显示安装窗户的日期。早期的平开窗由英国的玻璃工组装而成，因此，从制造到后期在殖民地建筑上的安装自然会有一个时间间隔。此外，正如前文所叙，玻璃窗可以随房主迁移，也意味着它们比考古发现的建筑物年代可能要早得多。最近研究表明，玻璃工往往会长时间使用同一台夹钳而无需更换，有的竟然长达35年。在此期间，夹钳在铅条上刻印的一直是原始日期。

窗玻璃和铅碎片的考古证据表明，到17世纪40年代，切萨皮克的大多数殖民地住宅至少有一扇平开窗。弗吉尼亚殖民者约翰·哈蒙德（John Hammond，1656年）写道，大多数房屋都是木制一层，带阁楼，大大的房间"白灰涂墙，玻璃上窗，还铺了地板，如果没有玻璃窗，百叶窗也做得非常漂亮，使用起来很方便"。对于那些购买力强的人来说，平开窗对生活条件是一种改善，因为可以透过它看到外面的世界，虽然略显支离破碎，但毕竟是一种保护，可以坐看云开雨霁，抬眼便见远方客来。玻璃窗的确能使一些光线进入室内，但即便是在阳光明媚的日子，室内也有阴暗之处。蜡烛价格昂贵，人们惜蜡如金，所以大部分家务活都是白天进行的。此外，在17世纪，至少有半年的时间所有人都要走出家门从事烟草种植劳动。

正如历史学家卡里·卡森（Cary Carson）所言："在春夏生长季节的每一个白天，种植户家庭和田间劳力都需要放下手中其他活计，全身心扑到烟草种植上来。"到了17世纪末，当大量的非洲奴隶走进田间地头时，依据性别进行劳动分工才成为可能，从而使大多数英国妇女能够在家操持家务。总而言之，早期殖民地家庭通常由互不相关的个体组成，是恶劣天气的躲避地，在社会动荡或政治风云变幻莫测之际又是逃避灾难的庇护所。它是一个备餐和吃饭的地方，也是一个晚间投宿之地，毫无隐私可言。在这里没办法养尊处优，更不能把安装玻璃窗视为优先选项。

17世纪60年代，玻璃生产技术的进步使得更大、更轻、更坚固和透光度更高的玻璃能够安装在垂直滑动的窗扇上。起初，必须用木销、金属销或螺钉撑开。不久后人们就开发出了平衡式窗扇，通过安装在窗框上的滑轮和重力系统上下移动。最初，这两种类型的窗扇只有在英国皇家建筑和贵族宅邸中才得以一见。直到17世纪末期，殖民地公共建筑上才出现垂直推拉窗，但这项"新发明"并没有完全取代平开窗，尤其是在私人住宅中更是如此。例如，在弗吉尼亚州的威廉斯堡，考古和文献资料的证据表明，在整个18世纪，平开窗一直在使用，虽然只是用在阁楼和非公共建筑上。

在殖民地时期，随着时光的推移，住宅建筑中使用的玻璃窗数量逐渐增多，但尤以城区为最，引领潮流的商人、绅士和富有的种植园主更是趋之若鹜。据估计，截至1799年，与50年前英格兰和威尔士每户拥有6到9扇窗户相比，新世界每家窗户的平均数仍不足3扇。英属北美殖民地的消费者渴望拥有与英国本土消费者一样的优雅气质和绅士风度，而住宅窗户的类型和数量会立即将户主的身份昭告天下。大面积安装窗玻璃是建筑物内部变化的外在表现，以回应对隐私、舒适感和娱乐的新态度，社会公认的礼仪规则同时也蔓延到了社会各阶层。如今，家庭成员都是有血缘关系的人，不再像17世纪那样是契约仆人、奴隶和孤儿构成的怪诞组合。房屋的规划和设计也开始反映这些社会和文化变革。室内空间更加正式，开始区分出公共和私人活动空间。殖民地精英阶层的妻子们宅在家里的时间越来越多，因为她们摆脱了现在由仆人和（或）奴隶在外屋或后院所操持的日常家务劳动。房东们可以将更多精力用于交际、娱乐和生意场，故而需要配套的家具和林林总总能凸显社会地位的器物。到18世纪中叶，在家庭环境中使用器物来彰显主人身份的做法已经渗透到殖民地的中产阶级圈层。既然"有这么多值得一看的东西，因此所需要的光照已是之前的无玻璃窗户、百叶窗或平开窗无法满足的"。

三脚釜

窗玻璃最初是一种奢侈品，在殖民地时期结束时已成为寻常百姓家的标配，而金属三脚釜或称大锅从一开始就是英美家庭中不可或缺的器物。尽管与其他家庭用品相比，其货币价值相对较小，但坐在壁炉炉台上的三脚釜代表了莎拉·彭奈尔（Sara Pennell）所称的"形成和维系家庭的社会资本"的一部分。新烹饪技术使得三脚釜在英国厨房中藏形匿影，但在北美殖民地，它在为家庭提供日常食物方面的核心作用依然存在。下文所要探讨的1600—1760年英属北美殖民地的日常器物，将聚焦看似简单的三脚釜，不仅因为它在日常生活中的重要性，还因为它在很大程度上与生产、消费、文化交流和贸易模式息息相关，进而创造了三脚釜在英国及其殖民地的不同书写记录。

三脚釜是美洲欧洲殖民者最基本的厨房蒸煮设备，几个世纪以来英伦三岛和欧洲大陆也概莫能外。这是一种大型圆腹容器，特点是有两个相对的耳形把手，可用铁制挂钩悬于明火上方。如果烹饪区没有壁炉为铁吊架提供支撑，那么釜还有三条支腿，无论是在凸凹的地面还是在壁炉上都能让其坐稳。随着砖石砌烟囱在家庭中的日益普及，三脚釜开始更多地被挂在壁炉中，而不是放到壁炉上，致使釜腿越做越短，直到变得"与干枯的树桩无异"。

17世纪早期，英国各社会经济阶层的家庭都依靠三脚釜来准备每日的"一锅出"。由于备餐非常耗时，因此人们把菜肴的道数尽量减少，以便可以简单上桌或者干脆围着三脚釜吃饭，这样一来，就不需要花钱购买厨房用品，还能把个人（通常是女性）解放出来去忙活其他家务。早餐通常是以谷物为配料的浓汤，许多人也会在当日第二顿饭时吃这种食物。英国殖民者将每日一锅出的饮食习俗带到了美洲。他们发现这也是美洲土著人的文化常模（一种供比较的标准量数）。这些土著人将盛有肉类、谷物和蔬菜的瓦罐整天炖在中央灶台上，作为随时可以取用的营养来源。这座中央灶台上的一锅煮也囊括了西非人的传统饮食方式。这种饮食方式在17世纪初被奴隶带到了殖民地。通过对奴隶聚居区遗址考古发现，那里的动物遗骸和烹饪容器的破损模式表明，北美奴隶群体的非洲烹饪传统在殖民地时期得以延续。虽然这些人的烹饪和餐饮习惯保持不变，但玉米成了炖锅中的主要食物，取代了非洲传统的大米、小米和木薯。

美洲土著的玉米粥炖菜成为殖民地社会所有人，特别是契约仆人和奴隶劳工的典型食物。正如18世纪早期一位到访马里兰州的游客所言，"（印第安玉米）是坎特里最主要的食物，那里的黑人尤其多……他们称为霍姆尼。玉米很硬，仆人用来做随时可以吃到嘴里的食物"。如前所述，烟草种植需要种植园里各家各户（包括所有家庭成员和奴隶）的参与，做饭的时间也就所剩无几。只要留住火种，大锅里的东西就可以在无人看管的情况下炖上一整天，因为圆形容器可以均匀分布热量，将汤水留在锅底。长时间小火慢炖可以使添进汤里的肉块变得酥软。

虽然三脚釜在英国及其殖民地俯拾皆是，但这种器物的物质性和应用史在两地的不同演化却值得研究，毕竟通过它们可以揭示出当时的贸易状况和日常生活场景。12世纪时，英国人就知道用铜合金而不是铁铸造三脚釜。邓格沃思（Dungworth）和尼古拉斯（Nicholas）推测这种炊具的统称"釜"源自罗马人所说的"热室"（caldarium）一词，指的是适合铸造的各种不纯铜。遗产认证清单、物质文化研究和考古发现表明，到17世纪，这种铜合金釜已成为家庭常用品，随时可以买到，英国所有主要城镇几乎都能生产。18世纪早期，英国的铜合金釜逐渐被较为低廉的铸铁釜所取代，因为制造技术得到了改进，英国国内便可生产出经济适用的小型优质铸铁用具。英国人对铸铁技术并不陌生。在火炮和弹药需求的助推下，早在15世纪初铸铁技术便在英国应运而生。到16世纪中叶，人们通过高炉冶炼铁矿石，制造出了包括平铸炉壁、墓碑厚板和铁砧等在内的其他产品。如三脚釜这样的空心器物，生产起来更加困难，也不太经济，因为每次浇铸后都必须破坏黏土铸模才能把成品取出。虽然有考古证据表明英国在17世纪中期就生产出了铸铁釜，但这些最初的釜很重，壁厚易碎。1722年，法国科学家勒内·安托万·费肖特·德·雷阿穆尔（RenéAntoine Ferchault de Réamur）数落了铸铁釜的这些特点，还称其表面粗糙、不好清洁，因此当时的法国精英阶层对其退避三舍。

由于生产难度大，造价不菲，史料记载中的铸铁釜出现相对较晚，人们对它的前世今生也知之甚少。与铸铜合金厨具研究的门庭若市不同，早期英国铸铁业中的铸釜研究则门可罗雀。学者们普遍认为，在18世纪早期的技术进步使之成为现实之前，英国没有大量生产铸铁空心炊具。这一观点似乎得到了17世纪英国遗产认证清单的支持。清单中铜合金釜赫然在列，但却将铁釜排除在外。清单与人们对器物的记载方式不尽相同，一贫如洗的户主信息因无法进行遗产认证故而在清单中无从体现。此外，清单中很少提及陶瓷，尤其是实用瓷。这意味着模仿金属形制的陶釜在文献记录中的代表性不足，尽管直到1650年左右，它们始终"是伦敦红陶业——用富含氧化铁的黏土生产陶器——生产的主要炊事器具"，此后需求萎缩导致减产。如果有人认为陶釜消费者是英国那些无力购买铜合金釜的人，那么，为什么这种产品没有继续生产呢？是因为通过进口市场有了更理想的替代品了吗？1709年英国一项铸铁新工艺的专利表明情况的确如此。专利持有人亚伯拉罕·达比称，"铸铁釜的'廉价'或许对我们王国里的穷人非常有利，因为他们中的大部分人都在使用，而且极有可能会阻止英国商人到国外市场采购这种东西来大量进口"。这些"国外市场"主要是指荷兰。他们利用先进的砂型铸造技术，能够生产经济适用、薄而轻的铸铁制品。

具有讽刺意味的是，正当技术进步使得在英国大规模生产物美价廉的铸铁釜成为可能时，烹饪技术和燃料供应的变化导致三脚釜的使用量下降。英国日益减少的木柴资源以及后续取暖和烹饪对煤炭的日趋依赖，需要比开放式壁炉更封闭的空间来保证燃料充分燃烧。英国遗产认证清单显示，特别是到了18世纪，像大锅和带把手的平底锅这样的金属炊具只有农村地区或远离伦敦、仍在利用开放式灶台的地区使用。例如，英格兰南部的一些郡在采用多用铁灶和封闭式烤箱等新烹饪技术方面就相当滞后。铸铜合金平底锅的生产一直持续到19世纪，这或许能表明该地区秉承传统的烹饪方法，需要使用三脚釜做饭。但是，在大多数情况下，英国的三脚釜均被可在封闭的煤灶顶部使用的平底炊具（如平底锅）所取代。平底锅不仅重量轻，使用便捷，烹饪时间短，而且因受新引进的法式大餐的影响，多种酱汁菜肴受到热捧，平底锅便更有用武之地。

然而，对欧洲的北美殖民地家庭来讲却是另外一种情况。铜合金釜似乎从未发挥过重要作用。相反，在整个殖民地时期直至19世纪中叶，虽然平底锅、水壶、煎锅、痰盂和烤架随处可见，但铸铁釜一直保持着"至高至尊"的核心地位，此后才因炉灶的出现而淘汰了三脚釜，只剩下矿区和远在穷乡僻壤的劳工营地还在使用。这种烹饪方式的存续，特别是在南方殖民地，与充足的木材燃料供应有关，才使得开放式烹饪的做法实现了可持续性。殖民地家庭从开放式烹饪到炉灶烹饪的转变，远比英国要缓慢得多，只是到了19世纪中期，北部各州的城市才呈现出争先恐后的发展势头。南方需要考虑的另一个因素是18世纪普遍使用的奴隶。他们包揽了富裕家庭包括做饭在内的全部家务。烹饪炊事从主要生活区搬进了独立的厨房，奴隶主厨要负责为主人全家和种植园劳力提供食物，因此主人没有用封闭炉灶或烹饪炉使厨房"现代化"的动力。况且，随着与做饭有关的日常琐事如今全部都在家中的"后屋"完成，炊事用具不再是向人炫耀的器物。上流社会的家庭自然也就丧失了用光亮、贵重的铜合金器具来取代经久耐用的铸铁厨具的愿望了。

从17世纪早期开始，美洲人使用铁锅和水壶而不使用铜合金饭锅，这一点从那些漂洋过海跨过大西洋来到新世界的人所开列的家用必需品清单中可见一斑。例如，1622年的一张宣传广告就建议前往弗吉尼亚州的个人或家庭携带"一口铁锅"。直到18世纪末，这些铁锅一直出现在美国各社会阶层的遗产认证清单中，数量远远超过铜合金壶、锅和平底锅。在弗吉尼亚州约克县1653年的一份清单中，3个"旧铁锅"与厨房设备一起被记录在案，表明铸铁釜在17世纪中叶之前的许多年间在英国殖民地使用过。这也得到了弗吉尼亚州詹姆斯敦考古证据的支持，为弗吉尼亚殖民地提供铸铁锅的做法似乎从一开始就有。在整个殖民时期，美洲消费者始终在使用三脚釜，而这与前面探讨的证据相悖，因为那些证据表明，直到18世纪早期釜才成为英国人的日用品，而且绝大多数都是铜合金的。这些歧见产生的原因尚不清楚，需要进一步研究英国17世纪的铸铁釜生产行业，同时重点考察17、18世纪英国及其殖民地的金属釜考古证据。这项研究的成果与遗产认证清单的信息相印证，可能会澄清三脚釜的相关疑问。然而，这仅仅是一个经济学问题吗？大家知道，铁锅价格低廉，但移民到殖民地的家庭与英国同时代遗产认证清单上显示的使用铜合金釜的家庭，基本上同属中产阶层。那么，这个问题还有办法解决吗？正如泰勒所述，如果17世纪中叶英国使用的大多数铸铁锅和水壶都是从荷兰进口的，那么荷兰可能也会向早期的北美殖民者供应，直到当地生产的铸铁炊具能够自给自足为止。这种供应要么通过英国中间商，要么通过与荷兰直接进行非法贸易。荷兰商人在弗吉尼亚州非常活跃，甚至在水路沿线建立了永久性贸易站，以增进与英国殖民者的贸易往来。假如能出土足够多的釜，通过考古发现就应该能确定17世纪殖民地时期炊具的来源。在18世纪达比发明焦炭炼铁技术之前，英国生产的锅都带有一条明显的垂直接缝，这是由将锅一分为二的壤土模型造成的，而荷兰的砂铸铁锅则没有。

从建立伊始，英属殖民地就对制铁颇感兴趣，但北美消费者对铁制品的需求直到一个多世纪后才得到满足。正如17世纪弗吉尼亚州和爱尔兰丰富的林地资源吸引了英国投资者斥资玻璃制造项目一样，这也促使企业联手在新旧两个世界实施炼铁项目。早在1619年，弗吉尼亚州就开始了铸铁试产，当时并不算成功的落溪铁厂就坐落在今天的切斯特菲尔德县。与詹姆斯敦生产窗玻璃的初期尝试类似，这个厂家的产品并非用于当地消费。它们只作为铸铁和生铁运往英国，在那里的冶铁厂进行深加工。1622年12月，印第安人袭击了落溪，也给落溪项目画上了句号。殖民者约翰·马丁（John Martin）提议弗吉尼亚公司再建一座铁炉，但这次是为了解决殖民地铁器匮乏的问题。弗吉尼亚殖民地在审查制度下幸存下来的几封批评信中所表达的抱怨，契合了马丁对定居者供应极度短缺状况的观察。1620年，威廉·韦尔登（William Weldon）船长在詹姆斯敦上游的一个定居点亨利科写的一封信中抱怨："英格兰在供给方面所做出的承诺，口惠而实不至"，完全没有达到人们预期的"家用器具满足供应"，只有"5个铁锅和1把50个人共用的小水壶"。最终，马丁要求当地"铸造军需品、锅及其他必需品"并"带离当地"的请求属于违法而没有获准，弗吉尼亚公司在两年后解体。

直到17世纪中叶，由英国和殖民地投资者组建的合股公司新英格兰铁业公司出资的马萨诸塞州索格斯铁厂才在殖民地成功地生产出铸铁制品，供出口和当地消费，主要的推动力在于英国内战造成的供应中断，以及美洲殖民地意欲脱离对英国铁器依赖的愿望。在北美新英格兰州、新泽西州、宾夕法尼亚州和弗吉尼亚州创建的其他铁厂，主要产品包括供当地消费的锅及中空器物。例如，1735—1751年，宾夕法尼亚州伯克斯县科尔布鲁克代尔炼铁厂平均每年为地广人稀（每平方公里1～30人）的当地市场供应98个铸铁锅。这些北美炼铁厂亦步亦趋地紧随英国铸锅技术路线，直到18世纪30、40年代，采用了荷兰的传统做法，即用沙子而非壤土成型，铸铁产品的大规模生产才变得经济可行。

侧重铸铁锅的考古证据研究或许有助于了解这些英格兰和殖民地器物的供应来源，但只消粗略地看一下考古数据就不难发现，它们并不能反映这些物品的普及性。尽管遗产认证清单和其他文献记载中经常提到金属釜，但出土的实证廖若星辰。从考古学视域（不仅与生理——物理的"看"范围有关，与精神的"观"也有关）讲，对它们缺失的合理解释是人们通常会回收破旧的锅，以充分利用其金属价值。在工业化前的英格兰，金属是强劲的商业回收的重要内容，虽然没有成规模的组织，但在一定程度上讲殖民地的金属回收也颇为盛行。对于容易熔化和重铸的铜合金釜来说，缺乏实物的情况是合乎情理的。

通过最近在伦敦市郊东北部的斯皮塔佛德市场的大规模考古发

掘可以看出，有关英国金属釜历史共性的公众认知与实证并不相符。1991—2007年，伦敦考古学博物馆对16至18世纪的数百户家庭遗存进行了挖掘，在"伦敦有史以来发现的最大文物群"中，仅发现了两块铸造金属锅碎片，一个是铁，另一个是铜合金。对弗吉尼亚州和马里兰州殖民地遗址进行的类似的快速调查显示，金属釜在考古文物中属鲜见的实物。

迄今为止，在弗吉尼亚州英国17、18世纪北美殖民地的考古遗址中发现的锅（或碎片）数量最多。詹姆斯敦岛上的"詹姆斯敦再发现"项目始于1994年。在历时25年的考古调查中，已经出土了81块铸铁釜碎片（引自2018年6月20日梅丽·奥特洛个人通信），其中只有8块是从17世纪初期詹姆斯敦的封闭环境中发现的，其余部分也都可以肯定地讲能追溯到17世纪。自1699年后，随着政府所在地迁往附近的威廉斯堡，殖民地首府詹姆斯敦逐渐演变成了农田。

17世纪初，厨房是一个多用途区域，大锅是日常生活的重要组成部分。它的主要作用是维系家庭，体现了英国和英国殖民地家庭生活的本质。烹饪所提供的有形和象征性的食物通过壁炉上的金属大锅体现出来。对此，许多印刷品和绘画都进行了描绘，尤其是19和20世纪对殖民地家庭的浪漫化写生更是如此。及至17世纪末，无论是在物理形态上还是在象征意义上，金属大锅都开始从人们的视野中消失。在英国，烹饪燃料的变化促使炊事方式发生了改变，进而出现了上述时过境迁的状况。但在殖民地，殷实之家开始将厨房与家庭的主要生活空间分离开来。独立式厨房使得住宅核心区域再无烟熏火烤、杂味弥漫甚至火灾之虞，同时也为仆人和日渐增多的奴隶提供了生活空间。

结语

过往的物质文化，无论是在考古沉积物中发现的，以文字形式表现的，还是在博物馆收藏中展陈的，都有许多故事可以娓娓道来。在一些最有价值的案例中，叙事可以填补历史记录的阙如。这一点在考古发现的文物中体现得尤为明显，因为它们可以代表无证可考、当下缺席的社会成员。此外，器物呈现出解读历史的新方式，因为它们背后的故事摄人心魄。对研究者来说，这些器物恰似在尘封的箱子里保存了几个世纪后公之于世的历史文献。也正如解读档案文献一样，吃透它们的秘诀在于理解它们所处的历史背景。对于器物而言，这意味着要弄清它们的生产地点、原因、使用者、分布情况和后续处置，以及它们如何随遇而安，顺应环境的改变而改变。后一点在研究引入北美殖民地的欧洲物质文化时尤其有意义，正如戈斯登所言，"变革时期更能彰显人与器物世界之间的关系"。

在17世纪早期的詹姆斯敦发现的一盏罗马油灯说明了戈斯登的观点。这种公元1世纪末到2世纪初的油灯，在伦敦考古现场屡见不鲜。如何看待一个如此不合时宜的错置器物？它是由像乔治·桑迪斯（George Sandys）这样的古文物收藏家带来的吗？那个1621—1625年在弗吉尼亚州翻译了几卷奥维德（Ovid）《变形记》（*Metamorphoses*）的桑迪斯？作为弗吉尼亚公司派遣的司库，桑迪斯在给国王查理一世的献词中提及了他的翻译工作，称其译著是"在夜晚幽暗的灯光下废寝忘食地完成的"。不难想象这样一幅画面，桑迪斯坐在书桌旁，手握羽毛笔，罗马油灯在把他的译稿照亮的同时，甚至还可能赋予他很多灵感。这件别具一格的文物丰富了文献记录，为研究早期詹姆斯敦殖民者鲜为人知的人文追求打开了一扇新门。

与罗马油灯相比，本章所探讨的1600—1760年的日常器物——铁锅和窗玻璃——乍一看似乎相当平淡无奇和无关紧要。尽管"日常"这个形容词似乎暗示着世俗平凡，但像这样的器物却是人们批判性地洞察往昔生活的窗口。如前所述，每件器物都有一个故事，在述说着创造、使用和废弃的逸闻，同时也对与之共存的人类产生影响。在殖民时期，随着玻璃窗登堂入室走进寻常百姓之家，室内外日常生活之间的隔膜更加透明，进而促成了近代早期的消费革命。房子不仅仅是面对外部世界的庇护所，它们还是欢迎外部世界进入的舞台空间，让具有时尚意识的家居用品在其中出演角色，进而成为社会交往中的重要一环。

俗称大锅的三脚釜在整个殖民地时期是北美厨房中比比皆是的固定配置，到17世纪中叶却在英国声销迹灭。对这种日常器物的研究，让人们认识到英国和北美殖民地之间的差异，洞察到差异背后蛰伏的跨大西洋贸易模式、自然资源的可利用性、天壤之别的定居模式以及共享饮食习惯的北美多元文化社会。就像窗玻璃一样，素面朝天的铁釜的意义不可小觑，因为它可以揭示文化演进，透视市井生活。

第五章

艺术

光明时代

凯蒂·巴雷特

引言

众所周知，艺术史诞生于启蒙时代。在本卷所涵盖的160年时间里，有两部令人叹为观止的伟大艺术史著作：一是荷兰卡勒尔·凡·曼德尔（Karel van Mander）的《画家之书》（*Het Schilder-Boeck*）；二是德国约翰·约阿希姆·温克尔曼（Johann Joachim Winckelmann）的《古代艺术史》（*Geschichte der Kunst des Alterthums*）。本章就以这两部经典作为开篇和结尾。它们中的任何一部都可以将艺术史的研究领域和研究方法带入全新的领域，匡正其界限，塑造其内涵，从而明了什么可以也应该被视为"艺术"。当然，这是一个无休无止的棘手问题，今天的学者和过去的艺术家及其评论者一样，仍在众说纷纭，争论不休。因此，本章将从一系列器物出发，阐明艺术分析的不同方式及其价值和影响，从广泛的风格变化或流派层次，到生产和消费场所，不一而足。与此同时，这些集中讨论能让我们关注到塑造这一时期的一些关键巨变：艺术中心和全球力量从地中海迁移至北海，从教会转移到世俗收藏家和消费者。

这些艺术品以及它们的创造者积极地塑造了我们对这一时期的构想。画家、印刷匠、制图师、雕塑家、设计师和工匠们以视觉形式向我们展示了他们的时代，也为同时代人提供了一种审视和理解世界的方式。如果不借助他们的作品，17、18世纪的欧洲人几乎是不可想象的。因此，本章所探讨的，不仅仅是艺术品，还有在艺术氛围中人们所绘制、印刷、编织或雕刻出来的器物世界。因此，少数有影响力的艺术家会在本章中不可避免地备受青睐，但我们应该将他们视为带动艺术生产和消费发生更大变化的典范，而不是沽名钓誉的唯一贡献者。他们的付出与经销商、赞助人、助手、收藏家和展览参观者等量齐观，共同帮助塑造了"艺术"不断变化的本质。对腰缠万贯的男性白人演员的惯常关注是这些艺术和艺术家格外看重和记录的产物之一，但是，我们还是要透视艺术究竟是如何进行自身呈现的。

本章所涉及的艺术品大体是在1600—1760年面世的。此间，人们也曾对它们加以研究、消费和收藏，但持续时间之久超出了人们的预期，下文中我们还会提到。那么，我们可以从艺术生产的角度来思考启蒙时代吗？启蒙时代这种表达可以寻踪觅迹到后启蒙时代的哲学家康德（Immanuel Kant）对"我们当下是否生活在一个启蒙了的时代"这个问题所给出的答案。他说："不是……我们……依旧生活在一个启蒙的时代。"从这一问题提出之日起，历史学家们就对什么是启蒙产生了分歧，但从古典主义的视角来看，它体现了以伏尔泰和卢梭为急先锋的一群法国哲学家对宗教迷信和专制政府的排斥。他们的思想被载入18世纪后半叶的哲学和文学作品之中，并在法国大革命中直抵巅峰。本章讨论的视觉作品与哲学风马牛不相及，文化背景迥异。这些作品普遍强调光线、光源和灯光的作用，对此，我们在本章结尾还会提及。

《画家之书》

1604年，卡勒尔·凡·曼德尔的《画家之书》出版。这本书是作者在荷兰的小城阿尔克马尔为哈勒姆市的一家书商而作，一经问世，不胫而走，第一版转瞬售罄。在这本书中，凡·曼德尔创造了第一套完整的荷兰艺术理论（侧重油画、版画和素描），确立了15、16世纪荷兰和佛兰芒绘画史，成为贯穿17世纪的经典力作。具有开创性的是他特地选择不去蹈武前贤，而是另辟蹊径，远离50年前乔治·瓦萨里（Giorgio Vasari）创作的文艺复兴时期《意大利艺苑名人传》（*the canon of Renaissance Italian art*），主张北欧画家同样重要。他创作了3部平行的艺术史，包括古代、荷兰以及传统意大利叙事。荷兰艺术的主要特点是对自然的关注，但也兼顾技术技艺。这部荷兰艺术家传记以油画发明开篇，凡·曼德尔盛赞"油画之父"扬·凡·艾克（Jan van Eyck）："（他是）闪现在默兹河畔的一道光芒，如此这般光彩夺目，令酷爱艺术的意大利人瞠目结舌，纷至沓来，以便在佛兰德斯汲取新的艺术营养。"他将瓦萨里的意大利叙事与北方人文主义作品和画坊实践相结合，在技巧、颜料、绘画流程和专业化长处方面提出了一套实用的建议。最后，他谈到了亲自前往意大利观摩古物、向文艺复兴大师学习的重要性，对意大利影响、荷兰工艺、画坊实践和艺术市场都给予了全面关注，使我们能够就艺术品作为一种文化器物在17世纪的演变进行深入思考。

意大利之光

尽管凡·曼德尔专注于荷兰艺术的成功，但他仍然将在意大利的学习作为艺术实践不可或缺的一部分，同时坚持与17世纪早期有关经典艺术的说法，即意大利艺术至上论，分庭抗礼。在整个17世纪及以后，意大利对欧洲乃至世界的艺术家、思想家和收藏家都产生了深刻的影响。意大利艺术与其他欧洲艺术的相互作用，使我们能够将风格视为考量变化中的艺术器物的一种方式。这一时期的意大利艺术通常有三种风格：一、矫饰主义风格是文艺复兴时期的遗产，在表现人体时所强调的平衡和比例极尽精致和夸张之能事，形成了矫揉的姿态和造作的手势；二、巴洛克风格以回归自然主义的人物风格取而代之，强调利用戏剧性时刻、姿势和灯光来赢得受众的情感投入。人们有时将启蒙时代的早期称作巴洛克时代；三、古典主义风格以古罗马为示范寻找灵感，巴洛克风格常与之交织在一起，通常直接从现存的雕塑中提取构图和主题。风格能促使我们去思考艺术家群体回应他们的前辈和同时代人的趋势，以及这些回应如何承载着宗教和政治上的联想传遍欧洲及其殖民地。

在这本意大利艺术家传记中，凡·曼德尔首次在艺术史上对米开朗基罗·梅里西·德·卡拉瓦乔（Michelangelo Merisi da Caravaggio）的生平和作品进行了评价，并以他为例说明意大利艺术如何实现对拉斐尔和米开朗基罗作品的超越。这是世纪之交意大利艺术家最关心的问题：如何比文艺复兴时期的大师画得更好。这是一个艺术及作为艺术主管和艺术表现主题的教会，发生重大变化的时期，上个世纪的新教改革从根本上对圣像在宗教信仰和实践中的作用提出了质疑。1563年，天主教会终于在天特会议上达成共识，确立了自己的教义，严格限制宗教圣像，准确描绘《圣经》故事，进行现实主义解读，注重对信仰的情感激励。艺术家所面临的挑战就是找到恰如其分的视觉语言来加以表现，卡拉瓦乔和他的追随者卡拉瓦乔派，在与巴洛克风格关联密切的戏剧和自然主义中觅得了答案。

卡拉瓦乔1601年创作的《基督在以马忤斯的晚餐》（*Supper at Emmaus*）是他们践行这一答案的缩影（图5-1）。这幅油画表现

图5-1 梅里西·德·卡拉瓦乔创作的《基督在以马忤斯的晚餐》，布面油画，规格141.0厘米×196.2厘米，伦敦国家美术馆馆藏。盖蒂图片社威尔逊、考比斯翻拍

了《路加福音》中的一个事件，即两名门徒在以马忤斯途中与复活的基督邂逅。当基督进行餐前祝福时，门徒认出了他。卡拉瓦乔用画笔捕捉到了这一奇迹般的戏剧瞬间。然而，这一事件是在普通场景下发生的，以普通人的形象呈现出来。物质的东西也是自然主义的一部分。桌子上摆着意大利马约利卡陶器[1]和当时屡见不鲜的碗、盘子、水罐，但它们却不同寻常地与土耳其安纳托利亚地毯搭配在一起。安纳托利亚地毯自16世纪初通过威尼斯出口到欧洲，卡拉瓦乔借此将事件置于中东氛围之中。他通过戏剧性的光线和色彩营造了一种奇迹之感，利用强烈色彩对比和色块内不加塑形来渲染效果，进而在同行中独树一帜。他在宗教绘画中赋予戏剧之光以新的角色，使之成为现实世界中的存在，而不是来自天堂的神光。他用戏剧性的手势——用透视法缩短的伸向食物的基督手臂，与受众建立起个人呼应，吸引人们沉浸在眼前的奇迹之中。

　　置身罗马的卡拉瓦乔，以其饱受争议但引人注目的作品成为当时欧洲艺术界和天主教信仰的中心。卡拉瓦乔所描绘的他居住的环境，也是他与欧洲各地前往罗马学习和临摹的艺术家们的交流之地。仅举一例，乔治·德·拉·图尔（George de la Tour）在法国洛林描绘的温暖烛光就明显受到了卡拉瓦乔的影响，但德·拉·图尔从未到访过意大利，而是得到了格瑞特·范洪索斯特（Gerrit van Honthorst）、巴卜仁（Dirck van Baburen）和其他在荷兰乌得勒支的卡拉瓦乔派的真传。在雕塑和建筑方面，艺术家乔凡尼·洛伦佐·贝

1　马约利卡陶器，一种15世纪开始生产的意大利锡釉陶器，其特点是在钙质黏土陶胎上，涂以白色锡釉，再以五彩缤纷的色彩描绘各种花纹。——编者注

尼尼（Gian Lorenzo Bernini）也创造出了类似的戏剧性高潮时刻，并将光作为其作品的物理构成。他在罗马圣玛丽亚·德拉·维多利亚教堂的科纳罗小礼拜堂的《圣特蕾莎的迷醉》（*Ecstasy of Saint Theresa*）雕像就是一个例子。巴洛克艺术和建筑不仅传播到其他欧洲天主教国家，而且成为亚洲和美洲传教士致力于当地文化皈依所做的部分尝试。

相比之下，尼古拉·普桑（Nicholas Poussin）和克劳德·洛兰（Claude Lorrain）等艺术家将古典主义视为矫饰主义的答案。1624年，普桑前往罗马，余生几乎都在那里度过。他以矫饰主义风格开始创作罗马教堂的祭坛画，其中一些由新教皇乌尔班八世的侄子、红衣主教弗朗西斯科·巴贝里尼（Francesco Barberini）委托创作。然而，很快他就从听命于这些声名显赫的王公贵族艺术赞助人转而为一小批学者服务，特别是为巴贝里尼秘书卡西亚诺·达尔·波佐（Cassiano dal Pozzo）服务，下文将进一步讨论。受此影响，普桑越来越注重古典风格和主题，特别是罗马浮雕的造型风格，有时还会将实例直接借鉴到自己的作品中。他试图创造出形象鲜明的群像，来表达能引起观众共鸣的情感。普桑最著名的绘画作品《阿卡迪亚的牧人》（*Et in Arcadio Ego*）存世两个版本，呈现了一幅理想的古典景观，画面中醒目的坟墓和沉思的人物影响了具有相似主题和风格的欧洲绘画、文学和景观设计。

太阳王

1640年，普桑被诱骗返回巴黎，负责为路易十三设计卢浮宫长廊的装饰方案。尽管他殚精竭虑地工作，并很快找到了重返罗马的借口，但他的这次应召标志着法国主导欧洲风格和品味的时代开始到来。在路易十三的儿子路易十四的领导下，这一进程逐渐登峰造极，于是另外一个理解艺术品的因素浮出水面——艺术赞助人。前文我们已经提到了教会的赞助，但路易十四却代表着终极赞助人，是集艺术、政治和经济力量于一身，统治着自己国家并对欧洲产生重大影响的君主。从1643到1715年，路易十四在位72年。1661年，他宣布亲政，把法国的权力全都攥在了自己的手心。路易十四对艺术领域的垂青和用心，离不开其首席大臣让·巴蒂斯特·科尔伯特（Jean Baptiste Colbert）的悉心引导。彼得·伯克（Peter Burke）称路易十四是在"集体想象"中为自己"打造"公众形象，其核心是利用罗马神阿波罗的形象，把路易十四比作将光明播撒到整个欧洲的太阳王。

踌躇满志的路易十四期望将他的王国全部变成艺术品，从自己的肖像到丰功伟绩，再到建筑环境，无所不包。他的画像材质包罗万象，油彩、青铜、石头、挂毯、粉彩、珐琅、木材、陶土、蜂蜡，不胜枚举，存世量多达300余幅，这在当时算得上蔚为大观。此外，还有近700幅版画和300多枚奖牌。肖像挂在臣民家中，也馈赠给其他欧洲君主。路易十四最具标志性的形象于1701年由亚森特·里戈（Hyacinthe Rigaud）绘制，既彰显了现代国王的风采，又融入了王朝血统的传承。他身披绣有鸢尾花饰的加冕长袍，搭配着时尚假发和红跟皮鞋。他虽然手持查理曼大帝的中世纪宝剑和皇家权杖，但姿态却颇为任性，随意得俨然一位拿着佩剑和手杖的时尚绅士。里戈创作的肖像画挂在凡尔赛宫的王座厅里，国王不在的时候它便取代国王的位置。凡尔赛宫分明成了路易十四个人及其治国理政的舞台。宫殿建于1660—1680年，设计匠心独运，从建筑本身及其美轮美奂的繁复装饰到簇拥的花园和公园，逡巡顾盼，皆成风景。国王的宫廷生活更是精心编排，奢华成风，令臣民和参访者叹为观止。

路易十四统治下的法国，所有伟大的艺术作品都源于皇室的委托。蜚声遐迩的创作机构有两个：一是1648年创建的皇家绘画和雕塑学院；二是1662年重新成立的皇家戈博兰雕刻工坊。这两个机构都由科尔伯特的副手、艺术家夏尔·勒·布伦（Charles Le Brun）负责，里戈就出自他的门下。作为院长和校董，勒·布伦负责监督法国艺术家的培训、受托和公众推介工作。学院建立了学术艺术培训模式，学生先模仿绘画大师，再临摹古代雕像模型，最后还要到现场写生。所有学生的入学作品所呈现的内容都必须与路易十四统治时期的生活密切相关。同样，从1663年起担任戈博兰雕刻工坊主管的勒·布伦领导了皇家宫殿全部陈设的设计和制作。该工作室由大约250名工匠组成，工种涉及油漆、雕塑、雕刻、编织、刺绣、橱柜制作、理石加工等。勒·布伦是所有成品的艺术总监，而他自己则专注于挂毯和版画的设计工作。戈博兰雕刻工坊也是一所学校，学徒必须达到一定的绘画水平才能进行专业培训。他们接受的训练形成了统一的风格和技术水准。

勒·布伦和戈博兰雕刻工坊所承接的重大项目之一，是制作描绘国王历史的系列挂毯。其中一幅挂毯展示了《路易十四参观戈博兰工坊》的场景（图5-2），路易十四和勒·布伦在指导如何展示作品，同时还能看出作品种类和工作人员状况。路易十四旨在通过这间坐拥来自世界各地资源和工匠的工作室，来宣示自己的全球影响力。画面右侧的一群工匠正在向左侧的国王和侍从展示大量的奢

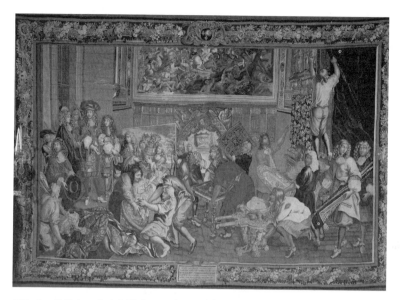

图5-2 路易十四参观戈博兰工坊（1673年），夏尔·勒·布伦（1619—1690）创作，挂毯，规格370厘米×576厘米。盖蒂图片社德·阿戈斯蒂尼拍摄；凡尔赛宫藏

侈品，其中许多物品的设计都出自勒·布伦之手和戈博兰工坊。背景墙挂着一幅挂毯，上面画着希腊国王亚历山大完胜波斯人的情景，将路易十四描绘成亚历山大的当代继承人。画面左前方的人正在用力搬动路易十四一套著名银质家具上的大烛台。可以看得出来，画中许多工匠都是艺术大师。来自佩鲁贾的工匠多梅尼科·库奇（Domenico Cucci）就是科尔伯特为路易十四招募来的众多国际大师之一。他在戈博兰工坊制作出了当时流行的复杂组合橱柜，图中右侧他正在指导安装。

戈博兰工坊及其作品不仅为路易十四吸引来了国外人才，而且在向世人宣传国王方面发挥了重要作用。外国使节和君主也会被安排进行类似的现场参观，还能得到描绘路易十四及其丰功伟绩的挂毯、地毯或雕刻作品。一时间，其他宫廷也跃跃欲试，争先恐后地效仿戈博兰工坊为凡尔赛宫所创造的艺术风格。萨克森选侯[1]、两度成为波兰国王的强者奥古斯都二世更是不遗余力地将德累斯顿宫殿改造成另外一座凡尔赛宫。他痴迷于风行欧洲宫廷的进口日本细瓷，为此把炼金术士约翰·弗里德里希·博特格（Johann Friedrich Böttger）软禁起来，看看他能否先将贱金属炼成黄金，然后再找到生产瓷器的秘笈。

北极光下

1704年，里戈创作的路易十四肖像在巴黎沙龙艺术展展出。于1699年重新焕发活力的由皇家绘画和雕塑学院组织的巴黎沙龙，是向时尚公众传递艺术信息、展陈艺术作品的一种方式和渠道，下文将详细介绍。不过，1704年举办的巴黎沙龙与此前历届不同的是，它不只是展陈历史画作。表现古典、《圣经》或近期政治史上重要时刻的作品，同样被学院和欧洲各地的艺术家视为上乘之作。1704年，风俗画挂上了沙龙的墙壁，显现了荷兰艺术潜移默化的影响，让人们有机会直面北欧的艺术品，对艺术风格作出深入思考。"流派"一词来自法语，有分支或多样性之意，是对两种相关艺术产品的描述语。在学院等级制度中，历史绘画之下的是其他创作题材，每个题材都代表着一个流派——肖像画、风景画和静物画。最低档的流派

1　萨克森选侯国是1356—1806年神圣罗马帝国中的一个独立的世袭选侯国，拿破仑时期被萨克森王国取代。萨克森选侯即萨克森选侯国的君主。——编者注

要数描述市井生活的风俗画，因为它们通常将农民之间的互动表现为滑稽和下流。尽管受法国艺术鉴赏品味的影响，艺术理论家和精英赞助人对这些不入流的作品评价不高，但它们在荷兰艺术买家中却有着深厚的大众基础，也令一些专业艺术家乐此不疲。

就政治、宗教和经济环境而言，荷兰与法国相去甚远，但其艺术生产和表达能力同样不容小觑。15世纪，荷兰哈布斯堡王朝奋起与其西班牙主人抗争，导致教派分崩离析。1579年成立的乌得勒支同盟统一了7个新教北方行省，最终在1609年通过与西班牙人达成和平条约而得到承认。这为荷兰带来了一个和平与繁荣的时期。此间，荷兰崛起，成为一个在亚洲和非洲都拥有重要殖民地的海上霸权国家。因缺乏一个中央集权的宫廷来提供赞助，加之商人或市民阶层生活水平的攀升，荷兰的艺术品购买力具备了广泛的民众基础。应运而生的流派专门捕捉荷兰人在海上、陆地、家庭或浮世环境中的日常生活，以及蕴藏于心的骄傲和关切。正如凡·曼德尔在《画家之书》中对弟子们谆谆教诲的那样，"如果你们心目中的至臻完美不单纯体现在人物和历史绘画上，那么，你们的作品就应当把动物、厨房、水果、花卉、风景、砖石、房间透视图、怪诞、夜景、火焰、写实肖像、海景和船只也搬上画布"。于是，"小画派大师"层出不穷，其中每个人都是驾驭自己风格的高手。花卉静物画的发展使得许多女性艺术家声名鹊起，代表人物便是雷切尔·鲁伊希（Rachel Ruysch）。

卡雷尔·法布里蒂乌斯（Carel Fabritius）创作的油画《代尔夫特的风景》（*A View of Delft*，图5-3）融合了多种流派风格，展示了众多荷兰艺术家看待世界的哲学好奇心和绘画技巧。《代尔夫特的风

图5-3 《代尔夫特的风景》（1652年），伦敦国家美术馆馆藏。美术图像，历史影像，盖蒂图片社拍摄

景》把静物、城市景观和酒馆场景的创作元素融为一体。画中的视觉焦点集中于新教堂。1652年，这座教堂作为奥兰治王子的安息地，成为荷兰共和国的政治焦点。画面左侧有个人坐在乐器摊位外面，从头顶上方的天鹅标志和摊位上的诗琴（又称里拉，古代希腊、欧洲的一种弹拨乐器）和柔音提琴就能分辨出来。对城市和景观刻画得如此细致入微，非扬·凡·戈因（Jan van Goyen）和雅各布·凡·雷斯达尔（Jacob van Ruisdael）等艺术家莫属，这类他们引以为豪的作品表现了一马平川的沃野和教区的繁荣。斯维特拉娜·阿尔珀斯（Svetlana Alpers）将这些油画视为记录和描述大地"绘画冲动"的一部分。乐器在当代静物画，尤其是虚空派静物画中，有着丰富的内涵。这种画将昙花一现的人类生活与物质财富对立起来，对荷兰殖民贸易中涉及的异国情调产品情有独钟。在这幅画作里，诗琴和柔音提琴在提醒人们，人类肉身的物质王国和远处教堂的精神世界之间存在着一条难以弥合的鸿沟。在酒足饭饱之后，这个男人坐在

一家酒馆外面——而酒馆恰是许多荷兰风俗画的背景——正在从画框之外的欢愉中沉静下来。

法布里蒂乌斯还以不同寻常的视角构建了代尔夫特风景，新教堂两侧的道路怪异地向上翘着伸向远处，而柔音提琴则通过透视法进行了大幅度缩小。沃尔特·利特克（Walter Liedtke）令人信服地指出，这幅画是为透视盒所作，画布一侧向上弯曲，欣赏时得借助另一侧的窥视孔观看。在欣赏的同时，我们也成为风俗画的一部分，仿佛与桌子另一边的人坐到了一起，在透过盒子的阳光的持续照射下，阴影消失殆尽。伦敦国家美术馆的文物修复师进行的技术分析支持了这一观点。他们发现，油画中的垂直脊线与曲面显示一致，原始黏合剂中的绿色表明，画布曾粘在一块可弯曲铜板上。法布里蒂乌斯不仅展示了他对荷兰美术中诸多流派的驾轻就熟，还彰显了他在透视绘画方面的精湛技艺，以及他对掌控人类视觉的孜孜不倦。

工作室之光

法布里蒂乌斯的画法给人以晦涩又昭然若揭的感觉，原本旨在展示对户外风景的真实观察，却又必需通过特别的技术构建和演示才能达到预期的效果。谈及实际和物质方面的考量时，我们可以转而思考一下创作艺术品的空间和方法，在此，我们继续以荷兰为例。17世纪，艺术生产模式发生了根本性的转变，从路易十四这样的赞助人单独委托和独家支持艺术创作，转向为匿名市场进行更具投机性的生产。正是这种转变，最终令我们想到了在工作室里顾影自怜、独自打拼的艺术天才。他们在贫穷潦倒中创作着登峰造极的杰作，而这等伟大的成就直到后来方为世人所认可。然而，在这一时期，工作室或画室是一个繁忙的多用途空间，往往既是艺术家及其家人、助手的工作区和生活区，又是教学区、向顾客和买家展陈的画廊、藏品库房以及与他人切磋交流的社交平台。其实，"工作室"一词就是19世纪专为艺术家的工作场所创造出来的。不过，这一时期也见证了荷兰画室画派的发展，描绘并赞颂了艺术家的创作，从而使某些艺术家的画室一跃成为游客接踵而至的打卡之地。

最著名的画室当属佛兰德斯画家彼得·保罗·鲁本斯（Peter Paul Rubens）。他在安特卫普的画家之家是当时最忙、产量最多的工作室之一，制作的肖像画、宗教题材绘画、寓言插图、风景画、装饰设计、挂毯设计、书籍插图和版画，种类繁多，俯拾皆是。荷兰哈布斯堡统治者阿尔伯特七世和妻子伊莎贝拉聘任鲁本斯为宫廷画师，免除其遵守安特卫普画家协会规定的义务，这意味着他可以招收众多弟子。鲁本斯画室创作原则明确，任务分工清晰。鲁本斯负责出所有作品的设计小样，既用于供赞助人审视，又可作为助手的创作指南。弟子和学徒准备画材，司职基础性工作。到17世纪，颜料、画板和画布通常从专业经销商处购买，其中包括越来越多的外邦画材，但在画室里仍有一些工作要做。水平较高的弟子可能会得到临摹鲁本斯作品供市场销售的机会。助手们会从事更为高级的工作——根据设计放大小样，因为他们是年轻的艺术家，业已接受过一些专门训练，总希望能在著名画室里有所历练。随后，鲁本斯将对成品进行修改、润色并署名。他还与经验丰富的独立艺术家合作。这些艺术家专攻特定流派，经营自己的工作室。法兰西·席得斯（Frans Snyders）是静物和动物画方面的专家，专门为鲁本斯画动物。老扬·勃鲁盖尔（Jan Brueghel the Elder）是鲁本斯的私人密友，两位艺术家合作创作了有关战争、神话风景、寓言插画、他们共同的哈布斯堡赞助人肖像以及花园中圣母与孩童的系列经典绘画。

这一切都发生在二楼专为弟子和助手设计的大型拱形画室里，但鲁本斯也有自己的私人空间用于学习、写作和收藏。更为契合当时工作室含义的是，他有一个"密室"，用来存放珍贵的绘画藏品，把玩宝石和硬币等小件珍宝，以及起草外交密信。他可能还有另外一处较大的密室供弟子们使用，里面装满了工作图纸和模型。1618年，他从英国驻海牙特使达德利·卡尔顿（Dudley Carleton）那里获得了一批古董雕塑，于是给画室加盖了一座圆形万神殿，用来展陈这些雕塑。万神殿设计有穹顶和圆洞窗，旨在为助手和参观者提供与画室内复制和临摹雕塑时相同的光线。鲁本斯希望能有观众分享他的创作过程。许多佛兰德斯艺术家接踵而至，参观他的画家之家，认为他的艺术品和收藏品足以让他们放弃遭受舟车劳顿之苦、前往意大利艺术朝觐的念头。伦勃朗（Rembrandt）在阿姆斯特丹的宅邸和画室，也为荷兰艺术家和国际游客提供了类似的环境和灵感。

然而，如此熙熙攘攘、人满为患的工作室并非荷兰画室惯常的面貌。艺术家往往在工作室里离群索居，孤军奋战。这才是真实的工作环境，也是艺术家心中的理想之所。1666—1668年，扬·维米尔（Jan Vermeer）在代尔夫特创作了《绘画艺术》（*The Art of Painting*，图5-4）。这幅画他一直保存到去世，可能是作为一件画室作品向参观者展示他的绘画技巧的。画中神秘的艺术家（或许是自画像）背对着观众，正在一个布置优雅的房间里进行绘画创作。模特是历史的化身，手拿喇叭、书籍，头戴月桂花环的克里奥女神。拉开的窗帘烘托着画面，展现出桌子上的道具，象征着画家的艺术

图5-4　1666—1668年间维米尔（荷兰画家，1632—1675）创作的油画《绘画艺术》，规格120厘米×100厘米，维也纳艺术史博物馆藏。盖蒂图片社威尔逊、考比斯翻拍

修为：翻过的书籍、绘画作品集和古典半身像。后墙上精心绘制的地图连同显示的图标、地形和独特的印刷技术，将作品的背景置于荷兰。工作室里的光线起到了至关重要的作用。自然光从窗户透进室内左侧，因此艺术家绘画的手不会在画面上留下阴影。同时，光线也受到了制约和控制，洒在寓言般的模特身上。维米尔很可能是用暗箱来制作这幅画的。这种设备通过暗房里的一个孔眼，能将照亮场景的精确图像投射出来。画中呈现的是维米尔工作室，他将其作为科学和艺术的实验空间以及室内的理想化空间来加以描绘。

明亮的商业之光

维米尔的工作室掩盖了艺术家画室常见的混乱和繁忙，也忽略了商业更庸俗的一面。然而，在专业艺术市场上，艺术家在为不确定的未来买家创作，因此商业化变得日益重要。艺术生产由是朝艺术消费和艺术市场培育转向。许多艺术家直接在工作室出售作品，他们的家成了向经销商和收藏家展陈作品的重要场所。这一时期，随着公共艺术拍卖和艺术品目录的应运而生，艺术品交易商和拍卖商成为一种专门职业。无论艺术家还是经销商都必须学会如何解读市场，依据行情来决定价格。历史学家对荷兰艺术市场进行了入木三分的分析，以期抛开人类欲望这一简单概念，来透视这一时期艺术价值变化背后的经济和社会力量。

英国古典经济学家伯纳德·德·曼德维尔（Bernard de Mandeville）在《蜜蜂的寓言》（*Fable of the Bees*）一书中，对17世纪艺术市场的运作作出了最连贯、最实际的评价。他认为一幅画的价值由数个因素构成：

大师的名望和创作的时代……作品的稀缺性……作品拥有者的素质以及他们成为名门望族历时的短长。

尼尔·德·马奇（Neil De Marchi）和扬·凡·米格罗特（Jan Van Miegroet）认为，曼德维尔对知名画作拥有者的关注是在宣传收藏大家或实力经销商，有助于标榜他们的鉴赏力，抬升藏品的价值。海罗尼穆斯·弗兰肯二世（Hieronymus Francken II）的名为《扬·斯奈林克艺术画廊》（*Cabinet of Jan Snellinck*）的作品，在视觉上产生了相同的效果（图5-5）。安特卫普画家兼经销商扬·斯奈林克曾经展出过其拥有的400幅油画中的部分作品，人们认为他是想通过此举来试水，确定哪些作品最有价值。绘画世家弗兰肯家族创作

图5-5　海罗尼穆斯·弗兰肯二世（1578—1623）创作的《扬·斯奈林克艺术画廊》（1621年）。DEA图片库、盖蒂图片社德·阿戈斯蒂尼翻拍

出了大量流行艺术品，可谓汗牛充栋，但基本没有得到知名收藏家或经销商的认可。然而，所有这些绘画都显示了当代人对拥有、展示艺术作品的兴趣，以及对与著名收藏家之间关系的兴趣。这些作品以当代荷兰绘画为主，所描绘的场景往往一目了然。在这种情况下，弗兰斯·弗洛里斯（Frans Floris）的《亚当和夏娃》（*Adam and Eve*）才备受冷落。

拍卖是一种特别受欢迎的销售方式，因为它不仅呈现了一种公共人文景观，还为收入微薄的人提供了购买绘画的潜在可能。1640年，彼得·蒙迪（Peter Mundy）在谈到阿姆斯特丹买家时写道：

> ……他们对绘画的喜爱，我觉得无人能出其右……许多铁匠、鞋匠在自己的铁匠铺和鞋摊上都会挂上一些油画。这就是这些普通百姓对绘画的普遍认知、追捧和兴趣。

荷兰采用降价拍，特别适合出售大量按特征分类的绘画作品。行会试图阻止这些公开销售，因为它们有损会员利益，但一些艺术家认为这种销售创造了市场，鼓励了兴趣，对新生代画家是一种特别的奖掖。在哈勒姆的一次争鸣中，包括科内利斯·凡·基滕斯泰恩（Cornelis van Kittensteyn）、所罗门·凡·鲁伊斯代尔（Salomon van Ruysdael）和弗朗斯·哈尔斯（Frans Hals）在内的画家支持拍卖到底，或许是因为他们有经验和信心利用这种拍卖来尝试用不同风格的作品吸引市场。

艺术家们使出浑身解数来确立自己作品的市场价值。阿德里安·凡·德尔·沃夫（Adriaen van der Werff）保存的画室笔记，记录了1716—1722年翔实的创作情况。通过查看列有工时、规格、成本、买家和价格的台账，扬·博克（Jan Bok）对范德沃夫的定价方式进行了分析。由于画作规格至关重要，范德沃夫在创作中投入的劳动显然对成本产生了极大的影响。他每天收取25荷兰盾的基本费，将装框或包装等成本加到基本劳动力成本中，然后决定市场所能承受的最终定价。范德沃夫的劳动价值显然高于他的助手，他每天只付给他的助手5荷兰盾的工钱。大师居高临下的身价助长了仿制和山寨之风盛行。然而，人们已经注意到，大师作品的真实性往往在画室里得到模糊处理。大师参与创作的程度故意秘而不宣，抑或点到为止。在用画作与达德利·卡尔顿收藏的古董雕塑做交换时，鲁本斯为自己拿出来的复制品辩称："这些画作我都亲自上过手，没人能看得出来它们与原作的区别。"

直到1674年，英国才在伦敦萨默塞特宫举行了有历史记载的首次公开拍卖。伍斯特（Worcester）侯爵在写给妻子的信中说，作品"像在荷兰那样被高声叫卖"，可见公开拍卖的直接性。自此，拍卖活动一发而不可收，迅速蹿红，从1685年的每年两次飙升到1693年的每年92次。布莱恩·考恩（Brian Cowan）认为，拍卖是伦敦重要的社交活动，鉴赏家们借此向他们的精英同行展示自己的知识储备。爱德华·米林顿（Edward Millington）是英国拍卖师中的翘楚，他从卖书起步，后来也未能免俗，开始模仿荷兰人，步入艺术拍卖领域。从1689年他在坦布里奇韦尔斯（英国东南小城）的首拍开始，直至1703年谢世，他成为英国最著名的拍卖师。拍卖行也可以像商店一样经营。1691—1692年拍卖季，米林顿就在考文特花园里的咖啡馆经营着一项常规拍卖业务，在报纸上刊登拍卖广告，在咖啡馆和书店摆放免费拍品目录，在街头巷尾散发拍卖活动广告。买家通常可以在拍卖前一周观看拟拍作品。1691年，米林顿在广告中称，咖啡馆里安装了"一种新发明灯具，这样，昼夜都可以欣赏画作"。这些拍卖活动还令囊中羞涩的竞拍者得以观察富人的价值观和收藏习惯，以较低的价格收藏具有类似品味和鉴赏价值的复制品或印刷品。

刺眼的版权之光

版画是最容易被左支右绌，被地位低下的人所利用的艺术媒介。它们可以是绘画的复制品、雕像的画像，也可以是自己的原创作品的复制品，艺术家们在自己的艺术实践中利用版画的方式各不相同。鲁本斯和雕刻家卢卡斯·沃斯特曼（Lucas Vorstermann），建立了一种特殊的合作关系，利用他的作品制作高质量版画；伦勃朗则精雕细琢自己的蚀刻画，努力为作品打造一个特定的市场。值得一提的是，两人都利用版画来作为维护知识产权所有权的手段。1695年，英国《许可证法案》失效后，版画的泛滥彻底改变了获取图像的方式。如今，来自欧洲大陆的油画、肖像、讽刺画、地图和风景画的复制品随处可见。17世纪末，伦敦成规模的版画销售商只有两家，到1785年，这一数字超过了60家。随着版画贸易的不断扩大，艺术家们日趋热衷于创作原创版画作品，并寻求控制版画和绘画复制品的传播。这又涉及我们需要探讨的另外一个方面——18世纪出现的艺术生产的法律问题，这一问题对构成艺术作品的知识产权提出了质疑。

本章研究的主要人物是英国画家和版画家威廉·荷加斯，他的作品把伦敦丰富多彩的生活描绘刻画得栩栩如生。1733年，在其第一部现代教化系列铜版组画《妓女生涯》的创作过程中，荷加斯领教了不受监管的版画业的弊端。他采用了一种相当普遍的做法来宣传自己的作品——在画室里展出作品供参观者欣赏，同时出售自己根据油画制作的高质量版画。买家先付一半订金，待收到成品版画后再支付剩余的费用。他还计划为公众制作较为便宜的版画作品。然而，由于展出的是画作，对版画印刷没有限制，其他书商很快便出版了更便宜的复制品，使荷加斯的价格大打折扣。他和其他怒火中烧的版画家站出来，一起找到议会，要求1710年法令增加授权书商进行文本印刷的条款。荷加斯在创作第二部现代教化系列《浪子生涯》（*A Rake`s Progress*）时，又向议会提出了同样的请愿。

荷加斯和乔治·维图（George Vertue）、杰拉德·范德古特（Gerard Vandergucht）等版画家联名向议会上书《设计师、版画师、蚀刻师案》。他们主张：

倘若一个人只能使用工具才能描摹已经画好的线条，只会在印刷品背面着色，只有依靠把模板对好……才能勾画出轮廓线……那么，他便从艺术家那里盗走了所有赋予那张纸以价值的东西。

在审议该请愿书时，下议院要求原创者和复制者都把自己的东西呈堂作出解释。由此产生的1735年《版画家法案》为新设计规定了14年的版权期，版画应包括所有者姓名和第一版日期，在英国版画的底部还必须署上永久性文字。人们习惯将这部法案称为《荷加斯法案》。在此后不久印刷的每一张《浪子生涯》的底部，荷加斯都不无自豪地加上"根据议会法案出版"的字样。不过，该法案只授予身为独立艺术家的版画师版权，直到1767年，在一项赋予简·荷加斯享有其新近去世丈夫作品的扩展权利的法案中，该法案的授权范围才扩展到所有版画师。

荷加斯的抗争不由得让我们记起无数鲜为人知或名不见经传的版画制作人和销售商，他们占据了市场的大部分，过着朝不保夕的生活。不过，他们仍然想方设法从荷加斯那里分得一杯羹。《版画家法案》在议会通过后，荷加斯宣布他将推迟《浪子生涯》版画的交付。一名心有不甘的出版商派了一个山寨雕刻匠前去荷加斯工作室，观摩并记住展出画作的细节，以便在该法案生效前实施盗版。颇有意思的是，由此产生的系列仿作给我们提供了一个了解盗版版画匠如何看待和理解荷加斯作品的机会，同时也显示出这些印刷品所必需的细节。在第二幅版画中，更名为"兰博·葛莱普"（Ramble Gripe）的浪子雷克韦尔（Rakewell）出现在为他举行的奢华晨觐会上，身边簇拥着攀权附贵的食客，下附的文字写满了尖酸刻薄。这些文字显然也是受出版商之托，旨在将版画变成一个清晰、有趣的叙事系列，从而能分辨出来与荷加斯原作在视觉上的细微差别。葛莱普客厅的墙上挂着一些经典的风俗画：赛马、斗鸡以及1732年荷加斯刚一创作出来便被大肆盗版的《午夜现代对话》（*Midnight Modern Conversation*）。这个仿制品表明，这类荷加斯的盗版画有其自身的市场价值，与赞助人或买家墙上的原作相去甚远。版画的大小、主题和品质千差万别，这意味着无论买家的经济状况如何，也遑论地位的尊卑，都可以收入囊中。不同版本的《午夜现代对话》价格从五先令到一便士不等，因此，不管什么样的家庭空间，它都可以登堂入室，装点门面。廉价和昂贵的版画都可以在二手市场上买到，一些买家为了盈利甚至铤而走险。版画为绝大多数从未走出国门的买家打开了一扇通向外面大千世界的窗口。

古董的光辉

英国艺术市场上廉价复制版画的行为并不是惹恼荷加斯的唯一原因。外国艺术家的作品比英国同行的作品更受重视，也是他一直担忧的问题。他在1753年出版的专著《美的分析》（*The Analysis of Beauty*）中指出，英国艺术家和鉴赏家应该通过观察自然而不是模仿意大利古董和13—17世纪的绘画大师来接受教育。他对建制派的指责把矛头指向了英国收藏家。同荷加斯的作品相比，他们对意大利的画作高看一眼，将收藏作为理解艺术品的一种手段。虽然到了18世纪，意大利当代艺术可能风光不再，不会再像17世纪那样在欧洲占据主导地位，但在意大利发现的希腊和罗马的古董，以及他们收藏的往昔意大利绘画大师的经典力作，使得意大利的魅力未减反增。在到访意大利的艺术家群体里，如今有越来越多的年轻男性贵族和绅士跻身其中，为城乡家庭的教育和收藏而奔走。这种"泛欧游学"尽管源于欧洲各地的贵族收藏，但却是一个特别的英国现象。

在整个17世纪，对王子和有影响力的学者来说，收藏成为一项越来越重要的活动。如上所述，鲁本斯的收藏是他用来工作、学习和展示作品的工作室的一部分。将微观世界寓于一个或多个房间，既反映出收藏家卓尔不群的地位，又营造出一个了解和影响世界的空间。当然，每个珍奇百宝屋都是独一无二的，但通常是天然产物（上帝杰作）和人工器物（人造产品）、神圣与世俗、欧洲同异域珍品的荟萃。器物包括古代文物、硬币、奖章、绘画、雕塑、版画、素描、书籍、手稿、自然标本、自然珍品、科学仪器、武器、盔甲，以及来自非欧洲文化环境的异国珍品。名贵的材料通常由能工巧匠精心制作，其中包括黄金、琥珀、宝石、象牙、珊瑚和珍稀木材。

这一时期最负盛名的收藏家当属神圣罗马帝国皇帝鲁道夫二世，他在布拉格的城堡中专门修建了一个经过特别改造的翼楼来存放宝藏。鉴于互访、赠礼或交换器物是改善关系的重要手段，这些藏品充当了外交和赞助的工具。弗兰肯家族收藏的琳琅满目的绘画（图5–5）描绘了珍奇百宝屋中展出的各种器物。

古代文物是此类收藏的核心，欧洲各地的人们争相抢购。但随着时间的推移，意大利对保护和记录藏品的兴趣日渐浓厚。教皇克雷芒十二世在位期间，罗马的卡皮托利诺博物馆于1734年成为第一家展陈古老艺术的公共博物馆。虽然就规模而言相形见绌，但卡西亚诺·达尔·波佐创建的非同寻常的"纸上博物馆"却体现了从现有资料中记录古罗马生活的前所未有的尝试。在担任教皇乌尔班八世侄子、红衣主教弗朗西斯科·巴贝里尼秘书期间，雄心勃勃的达尔·波佐收集并委托建立了一个绘画图书馆。这些绘画作品把自然世界与古代生活和文化有机地融为一体，达尔·波佐还委托他人专门绘制古罗马以来为人所知的每一件雕塑、浮雕和建筑作品。其中一组浮雕刻在一只当时人们称为巴贝里尼花瓶的古董玻璃瓶上，是这一时期收藏史上一个经典代表。这只花瓶是古代玻璃器皿中罕见的绝响，白色浮雕图案，蓝色玻璃衬底，所表现的神话场景虽然不太容易理解，但刻画的或许是希腊神话英雄佩琉斯和海洋女神忒提丝。在17世纪20年代之前，这只花瓶是罗马最有权势的巴贝里尼家族的私藏。他们是重要的艺术赞助人，同时也是达尔·波佐的雇主，而达尔·波佐又委托绘制了花瓶上的4幅素描。

到17世纪末，因精湛的浮雕玻璃艺术而蜚声遐迩的巴贝里尼花瓶已然成为罗马最重要的观瞻之一，艺术家和学者络绎不绝地前来观摩，乐此不疲地热烈讨论。因此，作为众多器物中的一件，它独木成林，撑起了"泛欧游学"的一片天，为18世纪英国古典收藏和品味养成做出了重大贡献。起初，"泛欧游学"是一种男性成人仪式，年轻贵族和富有绅士在家庭教师的陪同下前往欧洲大陆，通常主要去法国和意大利学习。可以持续三年的旅行包括拜访学者，参观展会，学习艺术历史知识，最终把钟爱的艺术品带回家。贵族宅邸和花园的设计由此受到意大利风格的影响，而伯灵顿（Burlington）勋爵反过来对帕拉迪奥风格建筑的影响尤为关键。为容纳新的雕塑或版画收藏，画廊和橱柜供不应求。与英国本土艺术相比，"泛欧游学"后的毕业生们更偏爱意大利艺术。在意大利，卡纳莱托（Canaletto）和蓬佩奥·巴托尼（Pompeo Batoni）等艺术家迎合了寻觅城市景观画和纪念肖像的收藏者的需求。人们越来越期待英国画家前去意大利汲取艺术养料。1752年，从意大利归来的约书亚·雷诺兹（Joshua Reynolds）画风大变，其肖像画中堪比米开朗基罗的宏大风格备受赞誉；1757年，理查德·威尔逊（Richard Wilson）回国后，将克洛德·洛兰（Claude Lorrain）擅长的意大利风格带入了英国风景画中。

除了罗马，那不勒斯是最吸引"泛欧游学"学子们的景点之一。它将欧洲第三大首都与自然美景结合在一起，更为重要的是，在赫库兰尼姆和庞贝发现了艺术品和文物。公元79年，这些古城在维苏威火山喷发时被毁，直到1738年和1748年才重新面世。随着遗址的挖掘，出土的文物和绘画被陆续送进波蒂奇皇家博物馆。1764年，威廉·汉密尔顿（William Hamilton）爵士就任英国驻那不勒斯王国大使，对遗址挖掘兴致极高，为英国古典收藏扩容付出了无人比肩的努力。从1758年开始，汉密尔顿就一直是伦敦鉴赏家圈子里的一员。这对伦敦收藏界来讲是一个特别重要的时期（下文我们还会探讨），但他最为圈内所推崇的还是在那不勒斯期间收藏的希腊和罗马艺术品，尤其是在那不勒斯生产的花瓶。他所收藏的一件珍品能为我们的收藏故事画上圆满的句号。1778年，巴贝里尼家族的著名花瓶出售，汉密尔顿通过苏格兰中间商詹姆斯·拜尔斯（James Byres）将其收藏。由于这件宝贝占用资金过大，难以长期占有，1784年他转卖给了波特兰公爵夫人。花瓶在手期间，他在古董协会的同事们都曾有幸一睹芳容。随后更名为"波特兰花瓶"的这件著名玻璃器皿，是1786年公爵夫人连续六周拍卖中的倒数第二件藏品。企业家和陶艺家约西亚·韦奇伍德（Josiah Wedgwood）立即申请进行仿制，此举进一步扩大了它的知名度和影响力。

公众启蒙

启蒙时代过去很久之后的1810年，波特兰花瓶在英国第一个公共博物馆——大英博物馆展出。作为欧洲第一批真正的公共博物馆之一，该馆于1759年开门纳客。这也是汉密尔顿在伦敦最为活跃的一年。花瓶的这次亮相，让我们把目光投向更广大公众对艺术品和收藏品的消费，就像版画市场曾经的历程一样。公共博物馆从17世纪末开始出现，起源于鲁道夫二世和卡西亚诺·达尔·波佐等贵族和学者的收藏。1683年，牛津大学阿什莫林博物馆开放。该馆的基础是名为"方舟"的经典珍奇百宝屋，由同名的约翰·特雷德斯坎特（John Tradescant）父子收藏。1714年，彼得大帝在圣彼得堡创建了一家公共博物馆，藏品来自他本人及其代理人在欧洲各地的收藏。18世纪，艺术社团、研究院和展览也很繁荣。有关1648年法国皇家绘画和雕塑学院的成立以及沙龙艺术展的演进，前文已述。自1737年始，这些沙龙成为官方支持的常规艺术展，并在每年的国王命名日开幕。从1759年起，法国启蒙时代最著名作家之一的狄德罗每年都会撰写沙龙艺术展年度报告。1754年，英国成立了艺术、制造业和商业促进会。1760年，该会举办了首次英国当代艺术家作品公开展销会。同年，新成立的艺术家协会举办了第一次展览。随着1768年皇家美术学院的成立，这样的展览开始每年举办一次，成为伦敦社会活动的一部分。

皇家美术学院建院之际，大英博物馆已然是一家成熟的公共机构。根据1753年《议会法案》成立的该馆，在许多方面都是史无前例的。通过发行公共彩票，政府买断了医师汉斯·斯隆（Hans Sloane）爵士的大量个人藏品，还购置了布卢姆斯伯里的蒙塔古大楼作为首个馆址。博物馆由董事会和公共资金共同建立。斯隆的藏品与哈利（Harleian）、科顿（Cottonian）和皇家图书馆的藏品整合到一起，形成了版权寄存权，进而建立了国家图书馆，成为大英博物馆的一部分。这些创始收藏以自然历史、书籍和手稿为主，不久之后，威廉·汉密尔顿爵士的希腊产花瓶以及詹姆斯·库克（James Cook）船长和约瑟夫·班克斯（Joseph Banks）从南洋带回的器物也加入了藏品行列。"所有好学和好奇者"皆可自由进出大英博物馆。因为该馆器物公有，所以一切社会成员都有权到访画廊和阅览室，特别是商业和职场男女以及精英阶层。据安妮·戈德加（Anne Goldgar）分析，博物馆实际上形成了三个社会空间，即鸿儒学者、时尚精英和普通公众空间。阅览室和花园分别满足了前两者的社会需求，而画廊则仍然是最为繁忙的公共空间。

社会各界对器物和藏品表现出多种多样的浓厚兴趣，也许在德比的画家约瑟夫·赖特（Joseph Wright）的作品中体现得最为直观。赖特主要在北方繁忙的商业中心一带活动，从1757年起开始从事绘画创作，18世纪60年代中期以后受到艺术家协会的瞩目。他的作品往往描绘烛光中面对着具有重要艺术或科学价值的器物做沉思状的人们，从气泵到古典雕像不一而足。他醉心于荷兰和意大利夜景风俗画的风格，创作出了一种特殊的英国叙事，展现在具有重要文化意义的场景中进行交流的男男女女。1765年，他在艺术家协会展出的第一幅画作是《烛光中观看角斗士雕像的三个人》（*Three Persons Viewing the Gladiator by Candlelight*）。画中三个人如醉如痴地坐在那里，围着被桌子上的烛光照得非常明亮的雕像模型。他们正在观赏一个古代著名雕塑《包杰斯斗士》（*Borghese Gladiator*）的仿品。这尊雕塑当时还是罗马包杰斯收藏的一部分，深受"泛欧游学"学子们的喜爱。这位角斗士的姿势因其解剖意义上的精准性而备受推崇。人们认为它展现了完美的阳刚之气，艺术家们也孜孜以求地不断模仿它的雄姿。这件雕塑的复制品为许多英国藏家所收藏。到18世纪60年代，中等收入家庭只消花上大约30先令便能买到赖特所描绘的这种小型复制品。在这里，赖特和他的朋友兼赞助人、制图师彼得·佩雷斯·伯德特（Peter Perez Burdett）将包杰斯斗士雕像比作一幅画作。因此，三位受人尊敬的中等收入阶层的绅士才坐下来，欣赏这个意大利著名古典作品的复制品，而接触原作只有精英阶层才能奢望。公众艺术消费的扩大再清楚不过地揭示了1600—1760年消费文化中阶级结构的变化。

《古代艺术史》

德国学者约翰·约阿希姆·温克尔曼是经典艺术作品《包杰斯斗士》——"自然之美的完美集合"——最重要的拥趸之一。温克尔曼1765年出版的《古代艺术史》引入了一种革命性的新方法来研究和书写艺术史，从而结束了我们本章探讨的时代。1755年，温克尔曼来到罗马，在那里度过余生。研究古董的他成为旅行者和泛欧游学的学子们所关注的焦点。他的《古代艺术史》一改瓦萨里和凡·曼德尔的传记模式，提出了一种着眼于风格巨变的全新方法，将艺术置于更广泛的社会和文化背景之中去梳理和回顾。用他自己的话来说：

> 艺术史应该告诉人们艺术的起源、发展、变化和衰落，以及不同民族、不同时期和不同艺术家令人目不暇接的风格，并且应该尽可能通过存世的作品来对此加以印证。

他开始创造一种谈论艺术风格的叙事方式，强调对作品进行一手研究不可或缺，确立了一种奉具有恒久影响力的古希腊艺术为至高无上的艺术等级观念，主张实地进行现场记录和分析考古发现的重要性，而不仅仅对个人藏品加以切磋琢磨。他所持的古代艺术优越论助推了以雅克-路易·大卫（Jacques-Louis David）为代表的法国大革命时期新古典主义风格的兴起，使得雄健的男性形象，特别是古希腊裸体雕像，成为政治自由的生动象征。

结语

以上就是我们所探讨的经典的启蒙时代。温克尔曼以大规模历史和文化分析为基础的著述反映了伏尔泰、孟德斯鸠和卢梭等作家们的关切。本章以重要的艺术历史文献作为发轫和收尾，在160年的寒来暑往中，对特定艺术品的关注让我们认识到它们具有千姿百态的历史和迥然不同的价值，无论陈于画室、售在市场还是置于博物馆中，它们的风格和流派都远远超出了启蒙哲学的范畴。然而，自始至终，这些作品都表现出了对光线和照明的潜在执着。这种光明与黑暗的视觉语言在法国大革命时期的作品中得到了终极表现。从卡拉瓦乔的神圣之光、路易十四的专制阳光，到维米尔静谧清朗的画室之光、米林顿拍卖会的夜间照明、德比之赖特的烛光画面，我们一路追逐着欧陆光影踯躅前行。光线是构成贝尼尼或法布里蒂乌斯等艺术家杰出作品的物理要素，也是不同风格和流派艺术家的共同主题。光线的基调已经从宗教皈依世俗，从君主转向民主。因此，我们以英国为例进行了探讨，并且在英国之光中落下帷幕。从传统意义上讲，虽然人们认为英国并未置身启蒙运动的中心，但几个世纪以来，英国一直是艺术历史研究的焦点，也是启蒙思想家顶礼膜拜的偶像，伏尔泰就因英国坐拥的民主和文化而给予其以同样的敬重。可以说，正是英国把艺术和启蒙运动联系得更加紧密。赖特的画作并没有彰显神光，却将人类理性之光照射进了艺术精品之中。

第六章

建筑物

古典秩序的魅力

艾德里安·格林

引言

本章将建筑视为一种文化艺术品。通过研究建筑的外部形式和社会空间的使用变化，我们可以更好地探索建筑产生的文化背景。更为重要的是，我们需要研究男女赞助人（或客户）与建筑师之间的动态关系。启蒙时代是一个剥削的时代。其文化剥削的表现之一是在英美出现的一种乔治亚风格[1]的建筑形式，正是因为不断扩大的权力不平等，才催生出了这种应对资本主义社会日益不确定性的建筑。乔治亚式建筑源远流长，它起源于古罗马、近代意大利和盎格鲁–荷兰的建筑实践，所有这些都受到了印刷品在塑造物质文化中的作用所推动。1600—1760年间，大多数欧洲国家都建造了自己版

1　乔治风格，指1714—1811年流行于欧洲，特别是英国的一种集大成式的建筑风格，它既有巴洛克的曲线，又有洛可可的装饰。因英国这段时间是乔治一世至乔治四世统治期间而得名。——编者注

本的乔治亚式建筑。

建筑的力量

建筑是人类文化在建筑形式、框架仪规和日常行为中的表现。作为必要的空间安排和象征手段，它在人类生活中扮演的不可或缺的角色无时无处不在弥漫着一种文化。作为文化差异的醒目标志，建筑实践也反映出了趋同和杂糅。当建筑被用作崇拜手段或权力工具时，会令人陡生惊奇和恐吓之感，而作为日常生活的背景，建筑的存在则更为内敛柔和。居庙堂之高，各色人等都得谨言慎行，而处江湖之远，逡巡于家庭、工作和市场空间之中，则行为规范通常更为含蓄随性。作为一种能令人气定神闲、身稳心安、归属感满满的人类文化器物，建筑始终是一处逃遁世事忧烦的避风港湾。

在17世纪的英格兰，景观中的建筑模式帮助定义了家国情怀。建筑物的变化在全欧洲营造了近似的归属感和地方感。至关重要的是，这种建筑概念是在更大整体中的局部差异。在这个以宗教分裂、民族对立和地区差异为特征的时代，统一中的变体是欧洲建筑的标志。帝国主义穷兵黩武，致使贸易战和领土之争此起彼伏，欧洲和基督教国家成为四处扩张的实体。到1600年，葡萄牙和西班牙风格的建筑依然矗立在美洲、非洲、印度和亚洲。从葡属印度果阿邦到西属阿兹特克墨西哥城，本土建筑与欧式建筑并存，而拉丁美洲教堂的视觉文化则体现了混合性特点。相比之下，北欧国家从1600年开始殖民北美，将堡垒、房屋和教堂中的民族建筑形式保留了下来。为因地制宜，这些建筑在当地出现了变体。瑞典和芬兰定居者将横梁建筑带到特拉华河谷，而弗吉尼亚州的英国殖民者则在用石料和砖块进行重建之前进行了土方施工。荷兰、法国和英国的建筑都经历了类似的发展过程，出现了英美所谓的乔治亚式建筑的变体。同样整齐、对称和紧凑的建筑形式也出现在包括俄国在内的欧洲其他国家。

这种形式的建筑灵感来自古罗马。近代早期贸易网络也包括对其他文化传统的开放，特别是东方渊源的文化传统。地毯、青花瓷、壁纸和印花布都是从土耳其、中国和印度传来的文化器物。通过文化习俗性别化，它们成为欧洲家庭的点缀。女性从事纺织是一种具有悠久历史的特殊文化习惯。存世的纺织品表明女性影响着家庭品味，她们通过织物和绣品积极介入家庭构建。她们参与建筑的构思和装修，但房屋建造通常是男性义不容辞的责任，进而形成了有组织的建筑行业。

建筑业的发展表明，在某种程度上讲，欧洲国家内部首要群体和次要群体之间的权力关系与殖民地的这种关系旗鼓相当。宫廷、牧师和贵族精英们的高等建筑是为中产阶级家庭而建，雇用的可能是同样一批工匠。低等建筑作用次要，地位低下。1600年，"茅舍"一词意指侧面敞开的车棚。到1760年，它沦为一个贬义词，特指生活在毫无舒适可言的肮脏棚屋里的穷人。在俄国和法国，王室继续扮演着品味标准制定者的角色，但在英国和美洲，随着建筑与市场经济的水乳交融，主流文化越来越呈现出后宫廷化状态。社会依赖于对逆来顺受的劳工群体的剥削，其中包括那些在英国被剥夺了获取资源的权力、依赖于雇佣劳动和福利的人，或者在美洲成为契约仆人或奴隶的人。认识到这个自诩的启蒙时代是由剥削所堆砌而成，能让我们从权力动力学的视角对建筑形式重新进行考量。

方法论

建筑是环境中的艺术品，这是对建筑的最佳理解。与其他形式的物质文化一样，我们可以识别艺术品的模式，提出个别或普遍性问题。针对地方、区域、国家、跨国等不同范围来对模式加以研究，学界能够分辨出建筑创作中涉及的性别、社会和文化关系。为什么这幢建筑采用这种形式、这样划分空间、这般进行装饰？它与当地、地区和更远地方的其他建筑有何关联？赞助人、工匠、劳工或更具整体性的部落所处的环境解释了特定建筑产生的原因。这种环境法和问答法是近一个世纪前由英国哲学家、历史学家和美学家R.G.科林伍德（R.G.Collingwood）提出的，与英国考古学家伊恩·霍德尔（Ian Hodder）倡导的对人工制品的解读方法不谋而合。

在环境中解读建筑，避免了对扩散模型的依赖。地理扩散论认为，享有盛名的文化中心（如罗马）会对边缘地区（如英格兰北部或北美的切萨皮克）产生影响，而作为帝国大都市的伦敦，势必会以单向方式影响首都以外地区和殖民地；社会扩散论则假设地位高的人具有创新性，充满活力，而地位低的人和"一心高攀"的群体则缺乏主动性，只能一味模仿。美国经济学家、制度学派的鼻祖索尔斯坦·凡勃伦（Thorstein Veblen）的经典著作《有闲阶级论》（*Theory of the Leisure Class*，1899年）提出了一个鞭辟入里的说法，称这样的解释规避了对建筑自身所处环境和所在时间的解读。对实际环境的研究，可以不必对另一个地点和时间发生的活动做出解释。参与建筑创作的人们对世界有着复杂的体验。工匠们会在国家之间（如荷兰和英国之间）流动，或者想方设法满足1760年之前英属北美殖民地对建筑的严苛要求。非洲和非洲裔建筑工人，无论是自由民还是奴隶，也将他们的传统带到了美洲建筑中。名不见经传的工匠创造了种植园、城市和住宅等复杂的人工制品。与此同时，著名的建筑师通过旅行和游学来获取知识：伊尼戈·琼斯（Inigo Jones）和威廉·肯特（William Kent）访问了意大利，克里斯托弗·雷恩（Christopher Wren）探访了法国，约翰·范伯格（John Vanburgh）探查了印度。无论是通过声名显赫的建筑师还是默默无闻的建设者，建筑实践都会因建筑环境的变迁而发生改变。

建筑史通常采用隐喻的语言。"建筑的古典语言"指的是精深的西欧拉丁文化，"乡土"传统等同于民族语言，可分解成不同地区的方言。然而，建筑终究是非言语的，不可能简化为语言。尽管如此，20世纪的结构主义实验仍主张建筑具有工艺或空间语法。受后结构主义影响的意义解读将建筑外立面视为文本，但建筑毕竟不是文本（除非上有铭文）。此外，"古典"和"乡土"的标签只是自1760年起才应用于建筑。从英国人视角来看，"古典"主要指1760年之前的文学，"乡土"则是在1839年首次应用于建筑。1760年后，建筑风格日趋多元化已经成为欧美文化的特征，这两个术语的用法才应运而生。

启蒙时代对建筑的理解

1600—1760年，人们将建筑与特定的国家联系起来，并将地区差异视为特定条件造成的结果。历史学家认为古典传统起源于古代和近代意大利。正如约翰·利克（John Leeke）在其《正规建筑师》（*The Regular Architect*，1659年）一书中所述，这种罗马和意大利风格的建筑通过维特鲁威（Vitruvius，公元前15年逝世）从罗马建筑衍生而来，在塞利奥（Serlio）和帕拉迪奥（Palladio）的文艺复兴时期作品中，被细化成一种建筑秩序规范，英语中有时将其称为"正规"建筑。伊尼戈·琼斯认为，这种建筑适合英国，因为罗马人曾在那里大兴土木，并在此过程中使古代英国人文明开化起来。从约翰·舒特（John Shute）的《建筑物的首要基础》（*The First and Chief Grounds of Architecture*，1563年）开始，通过印刷品的传播，立柱的"柱式"被纳入了高等建筑之中。没有立柱的正式建筑被称为"无柱式"。立柱象征着权威，凉廊是宫廷建筑的一个特征，这在英格兰的杜伦（1665年）和弗吉尼亚州的汉诺威县（1735年）都有实例。然而，古代建筑形式是否适合当代生活，这个问题尚存争议。帕拉迪奥的别墅最初满足了威内托大区的文化需求，但后来伊尼戈·琼斯还是将其改造成为英格兰王宫，1707年以后，在科伦·坎贝尔（Colen Campell）《不列颠维特鲁威：十八世纪英国古典建筑》（*Vitruvius Britannicus*，1715年）一书的推介下，在全英推广开来。1673年，克洛德·佩罗（Claude Perrault）将维特鲁威的《建筑十书》（*De architectura*）译成法语，但在《古典方法的五种柱式法则》（*Ordonnance de cinq espèces de colonnes*，1683年）中指出，古代先例不足以指导当代实践。面对如何建造的问题，建筑师各显其能，希腊、罗马、中国、印度、埃及、都铎或哥特式等多种多样的建筑风格轮番上阵。1760年以后，人们不再把欧洲建筑理解为时代的表现，而是基于历史先例的风格加以选择。1600—1760年，高等建筑大多是罗马建筑的变体（从文艺复兴时期到巴洛克时期，从帕拉迪奥主义到洛可可时期，不一而足），或是民族建筑传统的翻版（如英国或法国哥特式建筑）。

17和18世纪，建筑与自我觉醒的宏大设计渐行渐远，逐步走向商品化。人口激增地区的投机性住房项目和1666年大火后伦敦的重建成为催化剂。标准型材、工具和组装取代了中世纪的木匠和石匠。挪威木材的切割方式和规格决定了苏格兰建筑的使用寿命。

在随后的19世纪，人们将商品化建筑行业中得以幸存的建筑传统视为真正的民间文化，还给它贴上了"乡土"的标签。在20世纪的乡土建筑研究中，传统的建筑方式与高等建筑有所不同。在1760年之前的一个世纪里，对那些文明社会的有产阶级而言，高等建筑的建造当然是设有门槛的，但"乡土"建筑的社会分层程度远比这个词所暗示的要高。将乡土建筑和高等建筑的二元性概念化，忽略了当代人将建筑环境视为反映社会的方式这一命题。它们没有贴上历史上的建筑风格标签，这些标签大多是在回顾和反思中创造出来的。建筑终归需要设身处地地体验，就像建筑需要脚踏实地地建造一样。

资助人

在文艺复兴时期的欧洲，建筑是一项因地制宜的傲人成就。皇室和贵族精英需要四处游历，而辗转于宫殿之间的流动便成了人丁兴旺的象征和履行政治、社会职责的手段。弗朗西斯·培根在其《论建筑》（*Of Building*）（1625年）一文中，引用了卢库卢斯（Lucullus）对庞培（Pompey）的答话："啊？莫非你认为我还不如鸟吗？它们到了冬天也知道要挪窝呢！"培根认识到了单一住处的局限。如果一个人"有多处房产，就可以搭配着住，一处的缺陷便能在下一处得到弥补"。人们期望建筑体现赞助人的身份。过度建造可能会受到没收的惩罚。埃塞克斯郡的奥德利庄园是为萨福克伯爵托马斯·霍华德（Thomas Howard，1605—1616）重建的，位于瓦尔登修道院（1538年被国王亨利八世拆除）禁地之上。据说，国王詹姆斯一世和六世对庄园的评价是："对于国王来说太大了，但财政大臣用起来还凑合。"

17世纪，在生成实体资产的商业经济中，英国普通法的律师制定出来与王室相对的更强大的财产权。门墩的兴起象征着财产的底线标识，因为大门控制着进出。在英国和美国，享有财产的自由具有强烈的意识形态色彩，1689年的《权利法案》和约翰·洛克（John Locke）的哲学思想中都有体现。美国的奴隶制还把这种权力扩展到将人作为财产占有。17和18世纪后期，紧凑、规矩、对称的建筑用山花、隅石和柱子做装饰，展示了有产阶级的品味。在17世纪40年代的内战之前，英国贵族更自觉地从王室手中争得自己的领地。他们用家族纹章和徽章装点雅各宾式宅邸，门廊、烟囱、天花板和窗玻璃上到处都有，以使继承地位合法化。洛克的《教育漫话》（*Thoughts on Education*，1693年）反映了人们思想上的深刻变革，认识到人生来就是一张虚静的白纸，品味必须通过体验才能习得。洛克的想法与上流社会的一个普遍认知产生了共鸣，即建筑是品味的一面镜子。大卫·休谟（David Hume）在《论审美趣味的标准》（*The Standard of Taste*，1757年）一文中认为，有些人的审美能力比大多数人要高，而大多数人只能说达标而已。这种审美和品味的概念通过印刷品广为流传，尤其《旁观者》杂志更是为此推波助澜，而18世纪的高等建筑在许多方面无非是一种墨守成规的范式。

在陈陈相因之风盛行的18世纪之前，文艺复兴时期的赞助人创造了与人和环境相契合的建筑。苏格兰贵族亚历山大·塞顿（Alexander Seton）在成为苏格兰大法官之前，曾在罗马和巴黎学习，是"一位伟大的人文主义者，擅长散文和诗歌，精通希腊语和拉丁语……在建筑方面也堪称行家里手"。尽管他见多识广，学贯东西，但还是把自己的领主宅邸改造成了苏格兰风格，1599年，为法维城堡增建了一个由塔楼和悬垂角楼构成的入口。16世纪40年代至17世纪30年代，北威尔士的韦恩家族采用了类似的方法对圭迪尔城堡进行了改造，以体现其家族在威尔士历史上的地位。这些精英可以作为文艺复兴时期"自我塑造"的典范，斯蒂芬·格林布拉特（Stephen Greenblatt）认为，这体现了新贵的特征。作为一名女性，安妮·克利福德（Anne Clifford）不得不为她在约克郡的斯基普顿城堡的继承权而战，1676年去世之前，她以一种与其家族在北方所处地位相称的方式对城堡进行了改造。早些时候，伊丽莎白·什鲁斯伯里（Elizabeth Shrewsbury）用她姓名的首字母作为哈德威克厅的装饰。但是，从17世纪后期开始，贵族们减少了对血统的表现，开始越来越多地讲究建筑的品味。

有意成为建筑赞助人的人凤毛麟角。女王伊丽莎白一世就选择不去大兴土木，而是居住在她父亲建造的宫殿里。国王詹姆斯虽说不愿意动土，但安妮女王却是苏格兰和英格兰首屈一指的赞助人，尤其是对伊尼戈·琼斯的赞助。作为英国主要政治家族，塞西尔家族在英国建筑赞助的鼎盛时期取代了王室，哈特菲尔德宫和伦敦斯特兰德大街上的英国证券交易所（1609年）都是他们的杰作。安妮雇用琼斯在格林尼治（1616年）建造了女王宫，并将她对建筑的热情传递给了儿子亨利王子（1612年去世）和国王查理一世。查理一世的王后亨利埃塔·玛丽亚让琼斯在萨默塞特宫建造了一座罗马天主教堂（1625—1635年）。有钱有势的女性赞助人实属罕见。嫁为人妇之后，女人在夫妻共同建造的建筑中所扮演的角色反倒是司空见惯。在诺森伯兰郡的贝尔赛城堡，入口门廊上的铭文写道："此城堡由托马斯·米德尔顿（Thomas Middleton）和妻子多萝西（Dorothy）于1614年建造。"比贵族低一等的中产阶级也会夫妻合建，甚至包括新英格兰的父权家庭和弗吉尼亚州较为贫穷的种植园主。因此，贵族和中产阶层的妇女在房屋建造中并没有缺席。

在乡间别墅修建过程中，意欲立足的贵族们故意增强在当地的亲和力。他们就地取材，使用当地的石头和木材，利用当地的黏土制作砖块，从而将房屋的架构与财富和权力赖以依存的土地联系起来。绅士和淑女还可能捐助济贫院——这些为亟待救助的穷人提供服务的小型机构，反过来会用碑文称颂赞助人的虔诚，而即便是文盲，也能通过济贫院那与众不同的形式感受到慈善仁人之心。济贫院是在后宗教改革时期出现的。它为善行者创造机制，对先行者感念不忘，进而取代了小礼拜堂的功能。为了替炼狱中的灵魂祈祷，贵族们在教区教堂内建造了带有精美纪念堂的家族陵寝。因此，通往兰沃斯特教堂（1633—1634）韦恩小礼拜堂通道两旁便是韦恩救济院。济贫院建筑因陋就简，不同于由相同的工匠为相同的赞助人建造的宅第和小教堂。17世纪60年代，科森主教在杜伦修建济贫院时，反对石匠约翰·兰斯塔夫（John Langstaff）在设计图中加上山花和隅石，坚持要修一个素面朝天的门脸，而主教宫殿绿地对面的主教图书馆，科森却同意加上山花，作为博学绅士们的豪华入口。17世纪的建筑，形式服从功能，学校、大学和市场大厅概莫能外。

英国大学是建筑赞助的核心。绅士和神职人员把在大学里学到的建筑知识用于建筑实践，而工艺技能也必然会走进校园。约克郡的石匠为牛津大学博德利图书馆（1613—1619）和墨顿学院（1608—1610）建造了五阶塔，而剑桥大学圣玛丽大教堂则仿效杜伦郡教堂，于1639年安装了一个圣坛隔板。教区教堂与其说是英国别致古雅村庄的象征，不如说是建筑环境中的结点——将受过大学教育影响的机构与当地社区联系起来。社会和性别等级制度在教堂长椅的设计中就有所体现，绅士坐在前面，仆人站在后面。但精英阶层经常与社区就牧师对祭坛的控制、中堂的教区权利以及贵族对侧堂的占有权发生争执。英国教堂的总体形制及其中堂、低坛、高塔和尖塔刻意与所罗门神殿相呼应。在查理一世统治的英国，劳德（Laud）大主教的追随者们特别关注原来神殿的重建。但对逃到新英格兰的清教徒来说，圣殿是会众而非建筑。新英格兰的议事厅在建造和色彩上都步英国谷仓的后尘，只是在1776年以后才加上了塔楼和尖塔，刷上了白色油漆。并不是所有的美国建筑都自觉地低俗。受过教育的移民将他们在大学或伦敦律师学院习得的建筑经验带到了北美，哈佛大学、普林斯顿大学、耶鲁大学、布朗大学和威廉玛丽学院这样的殖民地高等教育学院的建设方式与英国的大学——如剑桥大学圣凯瑟琳学院（1675—1757）——相同，尽管美国圣公会的短板限制了神职人员作为建筑赞助人的作用。弗吉尼亚州基督教堂（1732—1735）由种植园主创建；威廉斯堡的布鲁顿教区教堂是逐步建设而成的。

　　英国大学教育的普及充分推动了全国范围内的建筑创新。约翰·克拉多克（John Craddock）牧师在返回家乡传教之前，曾就读于牛津和剑桥大学。他在杜伦郡的盖恩福德宫，就显示了1600年前后房屋布局的转变。传统上讲，开放式大厅里有一排呈直线纵深的房间，接待室和服务室分别位于顶端和尾端。但在盖恩福德宫，高级接待室和低等服务室被整合到紧凑的双排平面上（即两排房间进深），厨房的标高低于最好的房间。盖恩福德宫较高一侧下方设有酒窖，使大厅和客厅有木制地板隔潮。客厅上方最好的卧室供客人们就寝，而身为主人的克拉多克夫妇的卧室则位于厨房上方。那个时候，睡在厨房上方的做法极为普遍，贵族宅邸的设计主要是为了款待客人。盖恩福德宫在大厅上方有一个大房间，顶层有一个走廊，可以通往屋顶。莱斯特郡昆比宫待客空间的安排如出一辙，只是更为宽敞。该宫于1618—1636年建在山顶，有一间大厅、两个客厅、一楼大会客室和顶层长廊，供乡绅乔治·阿什比（George Ashby）和他的伦敦新娘伊丽莎白·贝内特（Elizabeth Bennett）享用，而他们的卧室套房就位于厨房上方。昆比和盖恩福德宫在房子的两端都有楼梯，可供仆人、家人和客人在不同楼层的房间之间走动。十字翼、凸窗、楼梯塔楼和门廊在平面和立面上彰显了对称性，同时营造出了投影和纵深的美学效果。雅各宾式建筑是英国哥特式建筑和意大利建筑的混合体，最著名的践行者是不折不扣满足赞助人需求的建筑师罗伯特·史密森（Robert Smythson）。盖恩福德和昆比宫与史密森的建筑颇多相似之处，都是通过无从考证的图纸和同样一批工匠施工完成，尽管克拉多克和阿什比夫妇可能在各自的房屋设计中起到了关键作用。建筑历史学家希望能找出这些建筑的原创者，但难免会有忽视建筑环境之嫌。

雅各宾式建筑与18世纪占主导地位的乔治亚式建筑形成鲜明对

比。具有投影和纵深感等美学特征的高耸山墙式建筑在传统的英国哥特式建筑中脱颖而出。这种风格的建筑强调垂直性，内有楼梯，外建塔楼，旨在获得开阔的俯瞰视野。"经典的"细部通常仅限于门框和烟囱等特定元素。鉴于这种建筑与早期英国贵族的帝国主义殖民图谋出现在同一时代，我们不妨将英国高等建筑的垂直性与帝国主义文化联系起来。这种建筑形式在大西洋两岸一直延续到17世纪60年代，弗吉尼亚州的培根城堡（建于1665年）就与英国的同时代房屋具有相同的特征。但此后，突出的山墙和塔楼就成了明日黄花，因为新的审美更青睐用水平取代垂直、以滑窗平面代替立体凸起的常规建筑。许多17世纪贵族和中产阶级的宅邸面临拆除或改建。塞勒姆七山墙庄园（建于1668年）的原始房屋被乔治亚化，用护墙取代了山墙。美国小说家霍桑（Hawthorn，1804—1864）从未见过有山墙的房子，因为它们直到19世纪末才得以修复，用以在殖民地建筑复兴运动中庆祝他在小说创作方面取得的成就。如今，幸存下来的建筑备受珍视，人们对此呵护有加。然而，17世纪的建筑通常只有在那些既没有足够财力又没有重建动机的人居住的情况下，才能在乔治亚时代遗存下来。并非人人都住在18世纪刚建成的房子里，但大多数老房子都有新的外立面，以符合乔治亚社会的要求。

建筑文化的变化可以通过一个实例来展示。1600年后不久，沃尔特·斯特里克兰（Walter Strickland）爵士就将其父母位于约克郡的博因顿宫改建成了一座山墙式的3层建筑。毫无疑问，这幢建筑的灵感来自附近的史密森设计的伯顿·阿格尼斯宫（1601—1610年）。沃尔特保留了房子中央的传统大厅，尾端带有一个交叉通道。在大厅的顶端，有客厅、大会议室和长廊，还有卧室和壁橱。17世纪80

年代，沃尔特的曾孙给这幢建筑增建了一个对称的入口，还安置了漂亮的新门墩。传统的非中心入口标志着交叉通道下方的服务设施和顶端接待室之间的划分，而对称的外立面掩盖了这些区别。楼梯上方精心制作的石膏天花板是对1684年威廉·斯特里克兰（William Strickland）爵士与伊丽莎白·帕尔姆斯（Elizabeth Palmes）喜结良缘的纪念，后者为重建提供了资金。楼梯通向大厅（曾经是雅各宾式的大会客厅）。1688年光荣革命期间，为奥兰治的威廉（荷兰国父、首任执政官）保卫东海岸的德·金克尔（de Ginkell）将军曾在那里用餐。作为辉格党贵族成员，这个家族在英国约克郡生杀予夺。作为威廉爵士和伊丽莎白的长子，威廉·斯特里克兰爵士（1735年去世）曾担任沃波尔首相（英国历史上第一位首相）的战时秘书和卡罗琳王后的司库。斯特里克兰督建了汉诺威女王在里士满的新英式花园。他把约克郡采石场的石料送给首相沃波尔，供霍顿庄园建设使用，以此来达到自己的政治目的。斯特里克兰在改造博因顿庄园时，威廉·肯特设计了新的烟囱，而伯灵顿勋爵则提供了帕拉迪奥式设计，对过时的山墙式宅邸进行外立面重构，而这一做法曾经应用在他位于奇斯威克郊外的大屋，也就是著名的伯灵顿大屋（1729年建成）。伯灵顿、肯特与博因顿庄园的关系极为特殊。作为约克郡的地主，伯灵顿推动了该地区罗马建筑的复兴，而肯特则出生在布里德灵顿的一个盎格鲁－荷兰工匠家庭。正是斯特里克兰看好了这名学生的艺术禀赋，资助他到约克、伦敦和意大利接受建筑教育。18世纪60年代，约克的建筑师约翰·卡尔（John Carr）在尊重伯灵顿和肯特前期工作的基础上，对博因顿庄园进行了改造。庄园的哥特式风格可能受到乔治·斯特里克兰爵士与霍勒斯·沃波尔

（Horace Walpole，沃波尔首相之子）之间友谊的启发，而霍勒斯·沃波尔恰是草莓山庄[1]哥特式复兴的领军人物。博因顿庄园的建筑干预与史密森、伯灵顿、肯特和沃波尔有关，但却是通过环境中的特殊联系才得以实现的。

工匠

虽然并非所有的工匠都能达到史密森或肯特的艺术高度，但熟练的工匠总会尽忠职守，尽可能去落实赞助人的指示。由此产生的建筑并非总能达到预期效果，博因顿宫就曾用四坡屋顶取代伯灵顿设计的帕拉迪奥式护墙。不过令人高兴的是，工匠的偏好反倒奠定了建筑地域特色的基础。工匠实践产生了特殊的装饰特征，如山墙、窗户、门和烟囱上面五花八门的山花。山墙顶端饰有山花的费城乔治亚式建筑就独具地方特色。

在英国和美国，建筑工种分为木匠、石匠、砌砖工、玻璃工、泥水匠和最后一道工序油工。大师级工匠负责与赞助人和客户沟通并实施监工。为了与因地制宜的建筑方法保持一致，资助人会量入为出，用可行的建材与可靠的工匠合作。地区工匠文化会产生独树一帜的建筑精品装饰。木雕师会从杜伦大教堂的哥特式窗饰和中堂上汲取灵感，而泰恩河畔（英国北部河流）纽卡斯尔城的商人、冒险家的华美壁炉架则受到出版物的启发。木工从石匠的匠心中受益，匠人自版画中采样，都是屡见不鲜的工艺实践。这其中并不一定包

1　草莓山庄是伦敦一级保护建筑，1748 年由沃波尔首相之子买下，并扩建改造成哥特式城堡，成为西方建筑史上"哥特式复兴"的开始。——编者注

含明确的旨趣或具有象征意义，尽管人们可能会时不时地把这些装饰解读得意义非凡。相反，质朴的内部装饰本身就是一种不言而喻的宣示，尤其与表达新教虔诚的铭文产生关联时更是如此。即便是教堂建筑，也不一定就涉及工匠的宗教信仰。尽管约翰·兰斯塔夫是贵格会教徒，但约翰·科森仍然雇用了他。无论是神职人员繁琐的礼拜仪式、厨房炉火旁女巫柱周围四伏的流行迷信，还是烟囱里藏匿的器物，与建筑工艺比较起来，都不足为道。

印刷在建筑起源中的作用很容易被简化，因为印刷图样固然能够提供参考，但工匠之间的互动模式和赞助人的关系网更为重要。古典装饰最初仅限于建筑元素，在精英阶层的宅邸和工匠建造的中产阶级住宅的入口、窗户和烟囱上都装饰有山花和圆柱。工艺实践中，特别是砖工、山墙、室内抹灰和木工，都大量使用了这种扩散装饰。这种创新肇始于17世纪经济飞速发展阶段。新工具改变了建筑，比如打制楼梯和家具用的木旋车床。这些工匠建造的房屋满足了昧旦晨兴的上流社会家庭的需要。然而，建筑形式上的放纵张扬逐渐为克制内敛所取代。这种转变体现在17世纪中后期的城市中产阶级住房市场中。与此同时，业主自住的精品住宅更偏爱把"规则"模式作为整体建筑的基础。虽然精品建筑借鉴了意大利模式，但城市建筑的新形式主要还是由工匠们创造的。在不自觉追求"古典主义"的情况下，石匠、砖工和木匠掌握了用滑窗和无凸起窗框修建规则、平直外立面的新技术。这种平直、规则的建筑满足了崇尚对称和统一的上流商业社会的需要。

盎格鲁—荷兰的建筑实践不仅改变了伦敦和阿姆斯特丹，也改变了始建于1624年、1664年更名为纽约的新阿姆斯特丹。纽约最初沿袭阿姆斯特丹的阶梯式造型山墙，后来通过增加护墙而成为乔治亚风格。虽然建筑具有高度区域化和地方化的特点，但也会产生跨国联系。俄国沙皇彼得大帝将荷兰建筑技术移植到圣彼得堡（1703年建成），随后人们即认为巴洛克式建筑优于本土形式。詹姆斯敦联排住宅仿效了伦敦房屋的模式，查尔斯顿也是如此，但增加了西印度群岛的开放式走廊。在罗德岛的纽波特，市场大厅（1772年）模仿了伊尼戈·琼斯为伦敦白厅所建的标志性宴会厅，但与英格兰北部的南希尔兹市政厅（1768年）的形制雷同，底层柱廊式市场与莱德伯里市场大厅（1617年）或彼得伯勒市政厅（1669—1671）的传统风格相同。建筑谱系涉及诸多联系，进而在特定的环境中形成了新的创造。

尽管如此，每个家庭还是力求标新立异，与众不同。在房屋上题刻日期和姓名首字母的习惯，是对印刷出版物记载出版年份和作者姓名首字母做法的模仿。卡里·卡森认为，在房子和家具上题刻日期和姓名首字母是"占有性个人主义"的反映，但菲力浦·阿利埃斯（Philip Ariès）认为，这种做法是为了家庭的赓续。日期和首字母是用于纪念结婚和建房日期的，它们还与纪念家庭生命周期各个阶段的其他器物形式有关，比如墓碑。大西洋两岸的房屋、家具和墓碑的诸多相似之处，反映了人们对死亡、婚姻和家庭态度的同步变化。墓碑、家具、烟囱和门套的跨材料装饰也在两岸实现了转移。工匠创造了这种物质文化，但包含设计图纸在内的手稿，如德文郡艾博特石膏师家族的创作底稿，却鲜见保存下来，幸好还有更加标准的图书，如巴蒂·兰利（Batty Langley）的《建筑商可靠指南》（*A Sure Guide to Builders*，1729年），把建筑资料创造性地收入其中。

工匠们通常更喜欢为自己的社区建造精美的建筑，而轮到自己的家园则更偏爱清水芙蓉。在泰恩河畔的纽卡斯尔，罗伯特·特罗洛普（Robert Trollope，1686年去世）效法约翰·萨默森（John Summerson）所称的"工匠矫饰主义"风格，在1655—1659年重建了市政厅。但正是在那些为较小的行会建造的项目上，镇上的工匠们才能放开手脚，随自己的心情施工，其中包括为管道工和玻璃工行会（17世纪90年代）修建的莫登塔的精致红砖立面，以及为石匠行会（1740年）建造的微缩版帕拉迪奥式别墅。9家纽卡斯尔公司迁入了前布莱克法尔学院，每家公司在二楼都有一间会议室。一楼住着看门人，还有一个为楼上提供餐食的厨房。大多数日子里，这些会议室都用作教室，因为中产阶层的工匠非常重视教育。妻子们会出席行会晚宴，行会在红白喜事中扮演着重要角色。与此同时，1699—1701年间，在泰恩河上运煤的船夫为退休的弟兄们建起了一座砖砌医院——窗户上有三角楣饰。行会和教堂一样，意味着家庭并非是近代早期生活的唯一体制。尽管如此，房屋的形式还是发生了变化——工匠矫饰主义风格被乔治亚式建筑所取代。17世纪的建筑体现了工艺实践，彰显了家庭的体面兴旺，而乔治亚式建筑则更适合不近人情的商业社会的需求。

小房屋，大社会

同时代人认识到，住宅反映了居住者的社会地位。不过，他们津津乐道的是一幢幢具体的宅邸、房屋和村舍，而不是宏观上的古典和乡土建筑。空间利用的变化实现了社会需求的转变。用木料和砖石建成的建筑具有地域特色，但相同的房屋形式却在不同的建材中得以实现。截至1600年，中世纪的开放式大厅传统在整个英格兰的空间封闭过程中被取代。曾经置于地板中央的、向屋顶敞开的开放式壁炉，如今随着天花板和烟囱的就位，使得以前的开放式大厅封闭起来。1600年以后，贵族们保留了大厅，作为好客和贵族身份的象征，大学学院等也继续沿用，以体现等级需求。贵族宅邸需要客厅、内庭、长廊、卧室和大厅。正如上文提及的盖恩福德、昆比和博因顿宫那样，高端和低端的线性等级结构让位于更紧凑的双排房屋。到17世纪后期，这种紧凑的方形房屋已作为标准模式成为英美上流阶层的典型房屋。内部以空间分割为特点，大厅缩小为走廊，许多传统功能转移到了厨房。餐厅和客厅更具公共属性，而图书馆和书房则变为私人空间，取代了传统上用作阅读和祈祷的储藏室。分割的空间亦有性别之分，卧室和梳妆室属于女主人，而书房则是男主人的领地。空间的细化形成了房间的新名称，如餐厅和图书馆，而厨房则成为家庭服务的中心。事实上，许多房间都是多功能的，餐桌也兼具多种用途，厨房里还可以进行各种各样的活动，从晨祷到仆人工余休闲不一而足。显而易见，空间区隔既是一种理想，也是一种实践。走廊、后楼梯和服务入口将客人和仆人隔开，但仆人也算是"家人"。所有这些变化，更多的是出于保持阶层社交距离的考虑，而不是对个人隐私的渴求。

作为阶级社会形成的一部分，1600年后，住房开始社会分层。中产阶级家庭与贵族建筑渐行渐远，而在中世纪，从城堡到农舍，所有家居的特点都是开放式大厅。带有中央大厅和交叉厢房的线性单排房间H型平面设计，让位给方形或T型平面布局。门厅入口是17世纪英格兰的一项创新，在新英格兰尤为盛行。在中央烟囱前，中央前门通向一间紧凑的大厅，形成了一个对称的房屋正立面，掩盖了室内房间的真正用途，令人无法分辨前门的哪一侧是客厅，哪一侧（通常稍大一点）是主卧。在较小的家庭中，主要的生活区在18世纪更名为厨房，而更富裕的家庭可能会有一个前厅，里面有灶台和后厨。门厅入口对空间进行了整合，因此入口空间需要进行分区，一是进入日常家务区域，二是通往待客起居区域。这种空间管理的创新实现了社会关系的改变，将家人和客人的社交活动与仆人截然分开。

从事高级项目的工匠经常受雇于中产阶级房屋的建筑细部设计。门框和烟囱是体现工匠精神的地方，康涅狄格州迪尔菲尔德小镇精心制作的门框就是一例。然而，大规模生产使工艺在房屋装饰中的作用商品化。18世纪的墙纸制造取代了17世纪的壁画、挂布和镶板。投机基础上的商业建筑开发也使房屋发生了变化。大火助燃了建筑创新，特别是1666年伦敦大火、1694年沃里克郡火灾和1732年布兰福德火灾，都起到了推波助澜的作用。不断扩大的城市空间需要新的建筑，无论是在外伦敦、桑德兰、纽约，还是费城、查尔斯顿，投机建筑商都见缝插针地建造了许多可供交易的改善型和刚需型住房。如今，任何人都可以入住乔治亚式房屋。因此，房屋成为一种商品，即使是自住业主建造房屋，也是为了最终出售或出租，而不是继承。报纸广告是17世纪中叶的一项创新，在18世纪的英国和北美殖民地大行其道，使得待售或待租的房屋能够流转起来，满足潜在匿名买家或租户的需求。

乔治亚式建筑符合商业地产市场的要求。房屋的相对匿名性适合于主要以公众社交为导向的应酬文化。1760年以前的一个世纪，会议室、剧院、咖啡馆、游乐场和人行步道都为公众社交提供了机会。巴斯及其他度假小镇上朴素、划一的连栋房屋可以在互换的基础上入住，以满足文化趋从的需要。相关建筑的开发体现了乔治亚式北美建筑的特点，而弗吉尼亚州宴会用房的"社会需求"是一个以蓄奴为基础的地区特有的现象。室外的社交和礼拜活动也与构建社会关系的建筑有千丝万缕的联系，这些社会关系中包括英国被边缘化的仆人和北美的奴隶。穷人的房屋虽然录入穷人遗产清单供资不抵债时扣押，或老无所依投靠教区时收缴，但还是显示了穷人为维持生命的尊严所付出的努力。1760年之前的一个世纪也见证了工业联排住宅的兴起。肖特利布里奇钢厂的移民工人在他们的门楣上用德语题字，颂扬通过工业生产获得的个人尊严。附近泰恩河畔的克劳利钢厂是首批钢铁厂之一，取代了谢菲尔德的家庭作坊生产。截至1760年，工业化业已成为建筑环境中日益突出的一个特点。

文化交流

1607年，当阿尔冈昆印第安人允许英国殖民者在詹姆斯敦建立贸易商站和堡垒时，波瓦坦部落酋长瓦亨森纳考（Wahunsenacawh）要求史密斯船长从詹姆斯敦派来木匠为他建造一座英式房屋。1622年在波瓦坦抗击英国人的行动中死于非命的乔治·索普（George Thorpe）向州长耶尔德利（Yeardley）借了90磅烟草，以支付"在阿波尚肯诺附近忙活了五个星期"的木匠罗伯特·费舍尔（Robert Fisher）的工时费。象征性地占用具有异族文化色彩的建筑是维护波瓦坦酋长国内部权力关系的一种策略。然而，英国殖民者对阿尔冈昆人的建筑习俗却没有表现出同样的尊重和礼貌。他们一意孤行，非要拆除阿尔冈昆人的"庙宇"不可。弗吉尼亚州的首批英国风格建筑大多都是速成品，不过是将英国穷人熟悉的建造临时房屋的技术移植过来而已。阿尔冈昆建筑使用类似的方法固定地面上的木柱，但在这种环境下，很难发现美洲原住民对欧洲建筑实践的影响。弗吉尼亚州的殖民者可以受用当地的食物、药物或烟草，但对改变服饰或建筑模式却极其抵触。这与体液生理学[1]的文化信念不谋而合，即应天时顺地利享人和。但是，文明的意识形态是将服饰和建筑作为身体之外的文明行为标志，抛弃文明的服饰和建筑有可能陷于堕落而不能自拔。毫无疑问，这种文明的思想在文化遭遇的实际语境中更加开放，特别是在爱尔兰和弗吉尼亚州的地位较低的群体中，他们分别与爱尔兰盖尔人和阿尔冈昆人打成一片。然而，北美殖民者定居点的建筑带有民族和种族认同感色彩，进而形成了独特的英国建筑模式。虽然英国和北美的气候反差较大，但令人惊讶的是，两者之间的建筑差异却如此之小。此外，门厅入口和紧凑设计形式的创新也在大西洋两岸同步出现。在其他殖民地环境中，如西非沿海奴隶堡垒或印度南部仓储工厂，出于实用目的，人们更偏爱英国建筑形式，而不是土著建筑。在美洲，英国式建筑和伊比利亚式建筑形成了鲜明对比，西班牙和葡萄牙人足迹更广，与多层次的土著文化产生了交汇融合。同样，荷兰东印度公司在非洲开普殖民地、印度、斯里兰卡、印度尼西亚、马来西亚和日本创造了独具特色的荷兰建筑形式。

殖民地环境中的建筑可以从区域化的视角进行考量，奥黛丽·霍宁已经就此对阿尔斯特和弗吉尼亚进行了比较。非洲的建筑方式也

---

1 对人体产生的胆液质、血液质、黏液质、黑胆质等 4 种体液的研究，认为体液在各自的数量和质量上保持相对的平衡以使人体处于正常生理状态。——译者注

影响了美洲的一些地区，与欧洲建筑形式占主导地位的切萨皮克相比，南方种植园修建的非洲奴隶小屋更多。然而，无论是惨遭奴役的非洲人，还是重获自由的非洲人，在盎格鲁－美洲建筑施工过程中都发挥了无处不在的作用。就像种植园基础设施遵循西印度群岛的先例一样，带有宽阔雨搭的门廊源自非洲，甚至影响了欧洲宅第的模式。查尔斯顿郊外帕拉迪奥风格的德雷顿庄园（1752年）的制砖和伐木都离不开奴隶的劳动，而收尾的木工活则由自由工匠来完成。德雷顿宫的门廊虽源于非洲，但彰显了北美特色。殖民地环境下的建筑区域化涉及与人的互动过程和权力关系，而正是这些人在欧洲创造了具有本土特点的建筑。

素面朝天的启蒙时代

1600年，欧洲是丰富工艺传统的集大成者，但以罗马先例为基础的文艺复兴时期的建筑更受推崇。文艺复兴时期的人文主义将建筑规范和古董装饰与人物形象联系起来。人成为建筑的基础，取代了中世纪从自然中汲取灵感的哥特式建筑。城镇概念也发生了类似的转变，网格状规划反映出一种态度，即把技巧视为人类文明的最高形式。中世纪的欧洲城市是根据自然地形进行布局的，而北美则采用了网格化统筹，导致原有的土著用地遭到粗暴践踏。马萨诸塞州剑桥（1630年）和康涅狄格州纽黑文（1638年）的城市网格化设计都将地形抛诸脑后，置于虚无。正如托马斯·霍尔姆（Thomas Holme）绘制的《美国宾夕法尼亚州改造地图》（1687年）所示，1682年规划的费城是整个宾夕法尼亚州网格划分的核心。与此同时，商业将威廉·潘恩（William Penn，费城之父）的"绿色乡村小镇"

和波士顿从清教徒的"山巅之城"变成了拥挤不堪的都市。网格状规划和规则的房屋立面给自然界带来了人为的秩序。尊重原有产权使得这种做法在英国举步维艰，但伦敦的考文特花园（1630年）和坎布里亚郡的怀特黑文（约1680年）却像殖民地一样，都做了网格状规划，市中心高耸一座教堂。城市规划的重要性对同时代人来说不言而喻，尤其是在安纳波利斯（1694年），隔开的教堂和州政广场象征着1689年后马里兰州政府的革命。历史考古学家分析了这些规则的网格道路和建筑，称为物质文化中的乔治亚式秩序。

乔治亚式建筑恪守对称原则。美国革命前夕，年轻的律师马蒂亚斯·哈蒙德（Matthias Hammond）在安纳波利斯建造了一幢新房。哈蒙德的建筑师是威廉·巴克兰（William Buckland），移民北美之前在英国工作。哈蒙德－哈伍德之家（1774年）仿照帕拉迪奥式皮萨尼别墅（1553—1555），在主楼两侧均设有配楼，其对称性掩盖了用途的不同。其中一个配楼是法律办公室，客户可以在凉爽的大厅里等候，而房子的另一侧则是奴仆们使用的厨房。哈蒙德－哈伍德之家的内部和外部都体现了完美的对称，其梯田式花园是乔治亚式秩序的另一种表现（1984年莱昂内对附近的帕卡花园进行了分析）。在几个房间里，假门保持着外观上的平衡。面向花园的中央门，外观上实现了完美对称，但在餐厅内部的远端隐藏了一扇垂直推拉窗。打开这扇窗户穿过一道门，主人的心机便一览无余。客人不太可能对房子里唯一不对称的地方说三道四。原来，这是供奴仆进出、位于房子远端的厨房的独立走廊入口。

对于处在复杂文化环境里的建筑，我们应该审慎地进行概括性解读，尽管共性很能说明问题。亨利·格拉西（Henry Glassie）发现，弗吉尼亚、爱尔兰和土耳其的建筑经历了一系列不同的转型期，以回应基于剥削的社会关系。尽管格拉西正确地拒绝将这一过程普遍化，但本章讨论的建筑发展恰好解释了乔治亚式建筑的出现，对信任难以为继的市场社会来讲哀而不伤。1600 年前后的英国，商业社会的加速发展依赖于以相信当面交流为基础的信用关系。这种关系在 17 世纪让位于克雷格·穆德鲁（Craig Muldrew）所恰当命名的鸡犬之声相闻的"建筑社区"——没有人确切知道别人的银行存款余额。同时，财产的概念引发了一种自由思想，即首先是享有财产的自由。杜伦的煤矿主乔治·鲍斯（George Bowes）在吉布赛德公园（1750—1757）中央竖起了一根自由柱，周围是给他带来滚滚财源的煤田和农场。在工业景观中设置游乐场，与美国的种植园景观产生了共鸣。埃德蒙·摩根（Edmund Morgan）认为，对自由的极力主张是因害怕债台高筑和奴隶暴动而招致倾家荡产所产生的焦虑。摩根注意到，在经济和社会概念中，奴隶劳工取代了英国穷人劳工（尽管美洲原住民、白人契约用人以及自由和被奴役的非洲人在新英格兰扮演了这一劣等角色）。正如摩根指出的那样，18 世纪对自由、财产和劳动的思考方式植根于 16 世纪对贫困的担忧。伊丽莎白一世时代的贫困危机归咎于人口激增，这是自黑死病以来人口数量的首次真正增长。无数张嘴急着吃饭，无数个人等着穿衣，使得经济市场化程度进一步提高，同样的人口爆炸引发了向美洲移民。乔治亚文化就起源于 16 世纪。

素面朝天的乔治亚式建筑是一种调节市场社会中社会关系的手段。这个社会以劳动剥削为基础，豪华建筑象征着富贵荣华。乔治亚式建筑对称的立面是英国宽泛文化形式的化身。18 世纪，欧洲各地都修建了对称、规则的立面。这种建筑形式是欧洲殖民行径的一个有机组成部分。美洲的西班牙、法国和英国风格建筑，开普的荷兰建筑，以及欧洲人在印度和亚洲建造的房屋，无不带有殖民主义色彩。建筑的对称性与宫廷领导的专制国家以及英国、荷兰等后宫廷时代市场驱动的社会所奉行的帝国主义并行不悖。它与根深蒂固的行为方式有关，因此，乔治亚式建筑的概念业已成为理想家园的一部分。乔治亚建筑风格的刺绣样本和玩具房子最初是为了向年轻女孩灌输成人家庭生活方式的女红，后来成为儿童绘画的模本。画一幢中央有门、带对称窗户和冒烟烟囱、看上去像是人脸的房子，是时至1760年创造的欧洲文化世界的深刻幻象。儿童画房子依旧是一种根深蒂固的文化习俗。它反映了乔治亚式建筑在家庭单位犹存的剥削社会中的作用。

作为一种文化器物，启蒙时代的建筑堪称剥削时代的文化强权工具。这个时代的特点是人类对自然环境的榨取和对其他生灵的利用（美其名曰对土地和牲畜的"改良"），以及人类对人类的剥削（包括殖民和奴役）。剥削反映在建筑景观之中，而人与人之间的紧张关系则体现在建筑的物质外观和空间布局上。

第七章

随身器物
物质文化与身体关切

戴安娜·迪保罗·洛伦

引言：身体器物与身体关切

17—18世纪早期在哈佛校园里考古发掘出来一把小骨梳，从其紧密排列的梳齿可以断定，这是一把篦子。篦子不仅用来梳理头发，更重要的是用于去除头部、身体和阴毛上的虱子和虱子卵。如今，"虱子"一词是个粗俗之语，父母用来责怪过着寄生虫般生活的孩子们，但在早期的马萨诸塞湾殖民地，人身上的虱子数不胜数。虱子不仅使身体瘙痒难忍，而且还会传播斑疹伤寒这样的疾病。当然，还有身体上其他方面的隐忧。在彼时彼地，患病不仅是肉体的痼疾，也是精神的顽症。为此，英国和北美本土学生进入早期的哈佛学院接受以神学为基础的清教徒教育，但课程也包括逻辑、伦理、几何、天文学和玄学。

对于哈佛和整个新英格兰的清教徒来说，道德灵魂和物质肉体不可分割。不洁对身体健康构成威胁，使人容易受到魔鬼撒旦和疾病的摧残。清洁意味着道德纯净，而不洁则无异于罪恶。清教徒牧师科顿·马瑟（Cotton Mather，1678—1681年就学于哈佛学院）在其脍炙人口的《死者的警告》（*Warnings from the Dead*）布道稿本中写道：

人之罪戾乃灵肉之秽。盖欲渡尊海之神子，皆称：尽涤吾之邪恶，普渡余等众生。《约伯记》15、16节谓之曰，凡与造物主相悖而取罪恶之生者，龌龊竖子也（1693年）。

在整个马萨诸塞湾殖民地的布道中，干净整洁是共同的主题。物理学和神学的课程对此进行了强调，哈佛学院有关仪容仪表的校规中也一再申明。有鉴于此，在考古发掘过程中找到学院早期师生留下的篦子并不奇怪。然而，这个小物件说明了一点，即身体器物往往一专多能。也就是说，篦子不仅能满足实际需求，而且也是一种精神慰藉。我们可以设想，哈佛学生使用篦子时不仅缓解了虱子引起的身体瘙痒，而且令其做到了精神层面的清洁。

无形的自我寓于物质身体之中。灵性、情感与智力共同构成了我们所理解的"现代"身体。在17世纪的欧洲社会，笛卡尔提出人由心灵和身体组成的论断，认为身体既是有形的，又是无形的。笛卡尔二元论的扬弃、医学和解剖学的新发现、人们一直以来奉若神明到18世纪末风光不再的体液说，以及民间身体疗法和身体新时尚，等等，一时间你方唱罢我登场，好不热闹（见本卷导论）。

在新大陆和全球其他地区建立殖民地，也带来了关于"他者"身体的令人惊诧的崭新信息——肤色、服饰（或裸体）、运动、性别、性爱、疾病和饮食等，而此时，西方与身体有关的中世纪概念和信仰正在发生变化。无论过去还是现在，身体都是政治性的。不同身体之间的比较，以及"我们"欧洲和"他们"美洲土著、亚洲或非洲这种话语体系的形成，助推了文化类别的划分和文化能力的提升，进而加速了帝国主义对殖民地和殖民地人民的占领议程。在这段历史中，我们找到了种族理论和科学种族主义的孽源。正如索菲·怀特（Sophie White）所言，器物"同时引导和构建了对'种族'的思考方式"。身体器物承载着差异，并被用来剥夺个人尊严，实现征服和奴役。

因此，身体器物绝不仅仅是衣服。服装和装饰传达了个人和群体身份的诸多方面的信息，包括地位、性别、职业、修养和宗教信仰。特伦斯·特纳（Terrance Turner）认为，身体器物是人的"社会皮肤"的一部分，因为它们体现在自我的有意识建构和呈现中。它们并非只浅薄地位于皮肤表面，相反，它们是一个人通过物质文化生活所形成的经验的一部分。身体器物也是强大的，可以运用它们来进行模仿，从而在新旧世界之间游刃有余。一般说来，这项技能是在殖民地世界里的生存之道，也是放之"四海"皆准的通行做法。马丁·霍尔（Martin Hall）就曾描述过17世纪南非科伊科伊族女孩克罗托亚（Krotoa）如何通过改变外貌将自己塑造成荷兰殖民者所熟知的伊娃：置身荷兰人中间便穿上定制的欧式服装，回家的时候则披上褴褛的兽皮。这一实例及其他类似的例子表明，一些人能熟练掌握殖民者的语言，故而能在不同种族和性别中自在穿行。

从考古记录来看，身体器物虽然数量不大，但种类却相当多，其中包括一些"不起眼儿的发现"：如衣服上的纽扣和搭扣、珠宝和个人饰品，以及顶针和针等缝纫工具；还有护理和展示身体所需要的物品，如治疗药物、解决精神关切的徽章和护身符、用来给皮肤文上象征或纪念图案的文身针，甚至还有清洁头皮和净化身体的篦子。

当我们探求启蒙时代的身体器物都可能有什么时，档案和历史记载往往会对西方世界富有博学的精英人物浓墨重彩。例如，1732年，约翰·斯密伯特（John Smibert）绘制的一幅画作《丹尼尔、彼得和安德鲁·奥利弗》（*Daniel, Peter, and Andrew Oliver*）中，波士顿巨贾奥利弗的3个公子身穿长襟礼服，打着褶边领结，皮肤完美无瑕，头戴扑粉假发，他们在波士顿的社会地位昭然若揭。但是，奥利弗一家的生活中分明簇拥着仆人、非洲奴隶和美洲土著人，而这些另类群体却经常湮没在档案中，或者深陷于种族和民族的世俗窠臼里，很难想象他们是如何用身体器物来启蒙并构建自我的。我们看待启蒙时代身体器物的视角需要扩展，有必要把欧洲人在殖民他们认为的蒙昧民族（例如非基督徒）时所形成的世界各地的多元社区考虑进来。正如怀特所说，考古记录是边缘化群体服饰的最佳证据。它们可以让那些在历史进程中迷失的身体和身体器物发出回响，帮助揭示这一时期文盲和被殖民者（通常与富有的精英阶层共处）的生活。

在谈论1600—1760年制造和使用的身体器物时，身体护理所需的身体器物不可小觑，启蒙时代有形和无形的身体器物亟须关注。身体器物既有实用价值，又能满足身体的无形需要，卫生、健康、精神、外观和时尚方面的物件均属此列。器物使物质需求和精神欲望具体化，并通过身体不同方式的展示和表演体现出来。服装、篦子、十字架、香水，甚至烟斗，都能用来满足身体的某种需求，因此可以视为身体器物。身体的物质性形成于特定的文化背景，有助于定义一些概念，诸如如何正确穿着才能更显时尚，如何表现性感或传递宗教热情，以及如何感同身受地治疗病患。此外，它们还有助于把身体的不确定性和模糊性具象化。

本章重点探讨启蒙时代有形和无形的身体需求的3个方面，即身体认知、身体呈现和身体消费。当然，需求还远不止于此，但本章还是侧重于此，因为它们代表了身体器物的有形性和无形性。身体需求的第一个方面——认知——强调了在日益全球化的世界中人们如何看待和描述自己的身体。此处的重点是外部认知——人们对他人身体的体验、理解、描述和分类。对新旧世界的人来说，都倍加关注身体，人们对肤色、衣着、动作、语言和性行为都有不同的体验和理解。每个群体都有不同的有形和无形的关注点，对方会将它们投射到自己的身体上。本节将仅就在视觉和物质记录中能够查到的启蒙时代的部分身体认知加以探讨。身体需求的第二个方面——呈现——涉及味觉、时尚和对身体动作的管控。这一需求与认知密切相关，因为对公序良俗、得体衣着和禁奢法令的期望往往都源于帝国的认知和回眸。出现了哪些能解决身体有形和无形需求的新风格和新时尚？在创造新的身份或模糊现有身份的过程中，身体器物是如何被操纵的？身体需求的第三个方面主要体现在身体营养和身体保健的消费上。启蒙时代出现了哪些新的菜品和餐具？通过医药和民间疗法，身体和精神上的疾患如何得到了调治？最后，身体上的焦虑和不确定性如何通过物质文化来施加影响？

在这些讨论中，本章从启蒙时代的不同背景中援引了一些例子，包括马萨诸塞湾殖民地、詹姆斯敦的英国殖民地、荷兰东印度公司在南非的前哨以及法属路易斯安那州。当然，启蒙时代还有许多例子可以引用，它们所涉及的问题远远超出了本章所要强调的那些。因此，本章中关于身体器物在饮食、衣着和治疗方面的作用只是抛砖引玉，希望能为深入研究启蒙运动中的身体器物奠定基础。

认知：身体和身体器物之审视

欧洲人在新大陆看到的第一个形象便是土著人。在17和18世纪，虽然横渡大西洋的航行和探险活动已历经世纪沧桑，但北美原住民的画像却少得可怜。已知的一些最早的画像来自英国艺术家、制图师约翰·怀特。16世纪末，他曾先后5次涉足今天的北卡罗来纳州，包括1585年航行到命运多舛的罗诺克殖民地。在北美期间，怀特创作了70多幅有关土著、植物和动物的画像，目的是想让旧世界的受众大开眼界或大惊失色。

后来，怀特的画作被西奥多·德·布莱（Theodor de Bry）复制，并让更多的欧洲观众得以一饱眼福，进而引发了对身体器物的大讨论。在这些人们喜闻乐见的画像中，旧世界的观众认识到了新大陆人的身体：裸体、文身、装饰、发型和身姿，所有这些都与他们所熟知的自身大相径庭，感官受到了强烈刺激。例如，在大英博物馆珍藏的一幅约翰·怀特1585年绘制的《波美奥克的希罗旺族人首领之妻和她8岁或10岁大的女儿》（*A chief Herowans wife of Pomeoc and her daughter of the age of 8 or 10 years*）画作中，来自波美奥克的一位面带微笑的妇女提着一个大葫芦。她的双臂和脸上都有文身，穿着一条有流苏和珠子的鹿皮裙，头上戴着一条有饰品的头带，脖子上挂着几条铜片和贝壳串珠连缀的项链，下面似乎还有一个铜吊坠。身旁的女儿戴着红蓝两色的玻璃珠项链，手里拿着一个套着伊丽莎白女王时代服装的洋娃娃。

从这幅画像中可以解读出很多东西来，比如与种族和宗教问题有关的非欧洲人体的分类，以及对土著人教化和转变的能力。

首先，可以认定这名阿尔冈昆女人是土著居民，不仅因为她的肤色，还因为她基本上没穿衣服，佩戴了过多的珠宝，这在当时欧洲的任何地方都会被认为不合时宜。许多殖民地作家对裸体都有过评论。在启蒙时代的背景下，裸露的身体不仅意味着缺乏文明和宗教，还暗示着性滥交，说明灵魂不洁和体液失调。

此外，母女之间的对比进一步暗示了关于皈依和殖民化的隐含问题。欧洲人如何寻求在新大陆站稳脚跟并看待那些另类的身体？他们是否会被改变？他们在新大陆的定居会成功吗？怀特对这些问题的回答在图中都可以或多或少找到答案。女孩身上戴着玻璃珠，表明她接受了英国的殖民统治。此外，她手里还拿着一个身披伊丽莎白女王时代典型服装的洋娃娃。通过这个洋娃娃，她了解了他人的殖民统治，以及如何才算得上衣着得体。这是她幻想未来要成为的样子，与她仍然戴着过时贝壳和铜珠的母亲截然不同。另外，在这幅及其他画像中，怀特表现了土著居民对殖民化的需求，因为殖民者能为他们提供衣服、身体护理教育和宗教教化。在殖民者看来，殖民是行得通的，因为他们在殖民地所达到的文明程度已经得到了证明。然而，直面英国的殖民，美洲土著人却饱受疾病困扰，横遭战争威胁，蒙受信仰皈依之烦，被迫重新安置之苦。他们像其他许多土著部落一样奋起抗争，以求得维持和恢复他们有形和无形的生活。

玻璃珠

英国殖民者带到新大陆的身体器物确实闯进了土著人的生活，影响了他们照顾、体验和展示自己身体的方式。作为1585年沃尔特·雷利（Walter Raleigh）爵士罗诺克探险队的一员，托马斯·哈里奥特（Thomas Hariot）在其1590年的《有关弗吉尼亚新发现土地的纪实简报》（*A Brief and True Report of the New Found Land of Virginia*）中记载了身体器物交换的情况，其中配有临摹怀特水彩画的德·布莱插图。哈里奥特（1590 年）在报告中称："一看到我们，土著人便发出可怕的尖叫声。他们从未见过像我们这样穿着衣服的人……我们主动拿出来随身携带的东西，有玻璃、小刀、儿童娃娃，还有其他小玩意儿。我们觉得他们喜欢得不得了。"哈利奥特提到的"玻璃"其实是玻璃珠，或许是欧洲人带到新大陆最有名的身体器物，用来与美洲原住民交换食物、毛皮和其他必需品。

事实上，从阿姆斯特丹、意大利甚至英国的玻璃工厂用桶装运到北美和其他殖民地的玻璃珠数以万计。玻璃珠是用来与土著人进行交往或改善经济关系的贸易品。例如，在詹姆斯敦殖民地的早期记录中，人们认为玻璃珠是一种必要的货币形式（1913 年议会和常设法院会议纪要）。波瓦坦部落调停人、传教士罗伯特·普尔（Robert Poole）就曾罗列出与土著人交换物品和服务所用的玻璃珠的数量和颜色——"我们之行由波塔克西部落的好人做向导，赠给他 6 盒 800 颗蓝色玻璃珠"（1913 年议会和常设法院会议纪要）。拉帕姆研究了从詹姆斯敦出土的令人目不暇接的珠子，其中包括委内瑞拉新加的斯[1]风格的管状蓝珠和深蓝色圆珠。在詹姆斯敦发掘出土的各种珠子，不仅说明了启蒙时代珠子的不同用途和含义，还呈现了欧洲玻璃工业生产出的繁多的珠子种类（另见本卷第四章）。

在欧洲为新大陆市场生产琳琅满目珠子的劳动大军不容小觑。随

---

1 新加的斯，是 1522 年西班牙在南美洲建立的第一个殖民地定居点，名字来源西班牙南部港口城市加的斯。——编者注

着对玻璃珠需求的激增，玻璃行业发生了转变，新配方和新技术被引入特定颜色和风格玻璃珠的生产之中。珠子生产是17、18世纪威尼斯和荷兰玻璃工业的支柱。美洲土著和英国人对玻璃珠的需求可能推动了新大陆第一家玻璃工厂的建立。17世纪早期，由荷兰、波兰和意大利的玻璃吹制工经营的玻璃厂在詹姆斯敦以北约100公里的利兹敦投产，但很快便失败了。1925年，史密森学会美国民族学局的考古学家和民族学专家大卫·布什内尔（David Bushnell）在利兹敦发现了一个孤立的玻璃珠储藏库。虽然目前尚不清楚这些玻璃珠是否是该工厂生产的，但无论从类型还是颜色上看，它们都与意大利和阿姆斯特丹生产的产品非常相似，有蓝、红、白色拉管和圆珠，还有大大小小的透明珠。

在启蒙时代的很多地方都能发现这些不同形状、颜色和大小的珠子。在不断增长的全球市场中，玻璃珠在经济和外交关系中扮演着必不可少的角色。但是，就本章讨论的主题而言，玻璃珠更重要的是身体器物。它们从根本上改变了众多土著人的服饰和时尚。在启蒙时代，玻璃珠取道北美及其他殖民地（包括南美、亚洲和非洲），堂而皇之地走进了北美土著人和欧洲人的衣橱。贝壳串珠间或会取代玻璃珠，或者玻璃珠与贝壳、铜、蜡和石头搭配佩戴。人们把它们连同宗教徽章、十字架、耶稣受难像和护身符一起，戴在发梢或缠在手腕、脚踝或脖颈上，有的还编织成袋子、头带和吊袜带，绣缀在衣服上或挂到摇篮板和壁炉架上。

作为一种身体器物，玻璃珠解决了人们对身体有形和无形的关切。对许多欧洲人来说，玻璃珠贸易标志着一段社会和经济关系的开始，在某些情况下会带来转变和归附。对于美洲原住民、非洲人和全球其他人群来说，玻璃珠的颜色、大小和形状不同，其含义也不尽相同。人们佩戴玻璃珠是为了体现忠诚、财富、性别和地位，纪念生者和亡灵，祈福祛病。据吉扬托（Gijanto）介绍，冈比亚朱弗雷的村民佩戴某些类型的玻璃珠，旨在向他人炫耀财富和地位。在某些地方，颜色比形状更重要。例如，北美东北地区的土著部落认为，白色玻璃昭示生命、光明和知识，而蓝色则代表天空。

在裸露的皮肤上佩戴玻璃珠并与其他衣物和饰品搭配起来，明显是与欧洲时尚背道而驰，有时可能还会被认为是对欧洲意识形态的排斥和嘲弄。不过，这种时兴的做法不仅受到美洲原住民的追捧，也赢得新大陆欧洲人的附和。"入乡随俗"的焦虑是欧洲帝国的共同关切。土著人的消费品虽然与欧洲人的迥然不同，但史上记载的彼此影响的例子却比比皆是。例如，森林捕客风格的服装就深受土著时尚的影响。虽然人们认为有些离经叛道，但这些身体呈现方式的变化也表明了新身份是如何通过身体器物来加以塑造和改变的。

虽然本节更多谈的是玻璃珠，但这类身体器物不乏其例，如耶稣会戒指、顶针和十字架。当与人们熟知的服饰话语和身体呈现方式不协调地组合在一起时，它们都有可能影响到身体的表现。这些变化凸显了在一个殖民时期，身体器物对多重身份的认知和沟通的重要性。

呈现：用于遮蔽和展示身体的器物

我们都穿着某种样式的衣服，是为了在环境中生存，为了身体舒适，为了区分"自我"和"他人"，为了端庄和诱惑。这类服装是个性的、象征性的、多面的，与品味、模仿、生产和消费息息相关，在历史上的许多时期都是如此。启蒙时代的服装不同之处在于，来自世界各地的服饰流通范围之广前所未有——北美居民可以买到羊毛和铜纽扣，欧洲人也可以坐享鹿皮和亚洲丝绸。因此，在整个启蒙时代，越来越多的进口服装构建了人们的身份。

然而，正如索菲·怀特所说，"服装从来都不是自我表达之举，而是一种由旁观者解读的文化行为"。服装从来都不是孤立的存在。服装，连同礼仪、语言和姿态，标志着近代早期社会的界限，并最终在现代社会中定义了阶级、性别和国籍等的区别。世界各地都颁布了禁奢法规，以调解和监督穿什么和谁来穿的问题，在帝国主义列强控制的势力范围内更是如此。

从考古学角度讲，只有在最有利的环境条件下整件衣服才能得以保存下来。考古学家们最常发现的往往是"小东西"，即当年时尚之躯入土后的残存物，如纽扣、扣环等扣件，珠宝和护身符等饰品，布料或衣服的碎片，梳子和假发卷发器、眼镜片、化妆品等时髦的身体器物，以及顶针、针、织物铅封等用于缝制和修补衣服的工具。这些小东西不仅仅让人们窥见了往昔的时尚，而且透过它们也可以窥见穿着它们的身体以及身体在社会和自然环境中的活动。一颗丢弃的纽扣、一粒遗失的玻璃珠，凡此考古记录中罕见的发现，都以文字和图画无法企及的方式令人们与过去建立起了物质和感官上的联系。

石头模具

1892年，业余考古学家詹姆斯·贝克（James Baker）在马萨诸塞州林肯县的田野里发现了一块石头模具，后来他将其捐赠给了哈佛大学皮博迪考古学和人类学博物馆。模具的一面雕刻有镂空的圆环、小扣环和两个纽扣，另一面刻有一个穿着英式长礼服的人物形象。这件模具在启蒙时代颇为知名，它是一种用来制作衣服扣件的工具，描绘的是长礼服图样。然而，由于17世纪英国人和美洲土著人都曾在马萨诸塞州林肯县生活过，因此，这件器物的发现背景语焉不详。

在英国人和美洲土著人生活的环境中都发现过纽扣模具，因此，无论作何解释，都必须把当时新英格兰地区的多元文化考虑进去。

对于清教徒来说，衣着与虔诚密不可分。就一些新英格兰土著人而言，英式服装是为灵性而量身定制的，而另一些新英格兰土著人穿上英式服装，则是为了与清教徒套近乎，或者在某些情况下迷惑他们。贝克收藏的石头模具是用来制作纽扣的，特别是英式外套上用作装饰的纽扣。马萨诸塞湾殖民地的禁奢法令和清教徒倾向于非正式穿着的愿望使居住在该地区人们的服饰风格趋于低调和保守。低收入者不得穿戴低领口、短袖、金银蕾丝纽扣、长靴和丝绸头巾。尽管17世纪中期马萨诸塞州殖民地颁布的禁奢法令从未真正得到贯彻执行，但它们的确表明，在穿着风格上，上等人和下等人之间、英国人和非英国人之间应当保持差异。这一逻辑也适用于对宗教皈依者的理解。美洲土著人一旦皈依，就要心甘情愿地穿上欧洲风格的服装。穿着英式服装但还保持土著人的风俗、言语和举止，这在清教徒看来是完全不可接受的。然而，对于美洲土著人来说，英式服装具有多重含义。它是地位和联盟的标志，也是宗教皈依的象征，并且容易操控。

许多新英格兰土著人认识到，穿某种衣服会影响到他们在部落中的地位和立场。这种认识逐渐形成为他们的社会表现策略。例如，1634年，罗杰·威廉姆斯（Roger Williams）对纳拉甘塞特部落评价称："虽然……和英国人相处时他们穿着英式服装，但只要一回到家和自己部落的人在一起，他们就会把那身衣服脱掉。"这种操控不仅让着装理念受到禁奢法令和社交礼仪影响的清教徒感到困惑，而且还令他们惶恐不安，因为皈依者和未皈依者、盟友与非盟友之间的区别远比最初想象的更具可塑性。用来改变未皈依基督教者的服装也被用来欺骗旁观者，因为同样的服装不仅可以帮助伪装自己的忠诚，还可以用来奚落和损害英国人的礼仪和阳刚之气。本章后面还会对阳刚之气进行探讨。

打破陈规

当代问题常常会映射到人们对过去穿着方式的解读上。17和18世纪的服装通常是理想化的，与文化定势息息相关，而且必须符合对历史的某种官方解释，这一点只消走进任何一家历史博物馆便可一目了然。无论从文化还是性别上来讲，过去人的着装风格变化不大。然而，不同时尚的混搭确属司空见惯，这在文献记载中随处可见。例如，玛丽·罗兰森（Mary Rowlandson）在1682年的《遇劫记》中讲述了自己在梅塔科姆叛乱期间被囚禁的情况，其中描述了万帕诺亚格部落女酋长维塔姆及其丈夫夸诺潘的服饰。作为首领，两人都穿戴着英式外套、亚麻衬衫、白色长袜和扑粉假发，还有大量的贝壳串珠和人体彩绘。

鉴于当下对过去的理解，今天的我们该如何解读彼时维塔姆夫妇的服饰？今天的先入之见会怎样影响到这种解读？霍宁在对邓吉文服装的讨论中指出，对17世纪阿尔斯特种植园中发现的羊毛服装的解读，在许多方面都与北爱尔兰当代身份政治有关。她审视了每一件服装，注意到这些具有不同传统的服装"在史上某个时段聚拢到一起，由一个名不见经传的人穿到身上，消失在奥卡汉家族领地的一个沼泽地里，寂寂无闻，无人问津"。在这样的环境中，不同服装风格的混搭意味着什么？是文化融合还是个人创新？倘若其他人穿着欧洲男性的服装又会怎样呢？

我们当下对过去的解读再次成为我们的掣肘。例如，女性穿着礼服外套的情景十分罕见。然而，在整个启蒙运动时期，这又似乎是女性的标配。让我们再次回到1682年玛丽·罗兰森的记述，她对维塔姆夫妇的服装做了如下翔实的描述：

他穿着荷兰式衬衫，衬衫的下摆缝着漂亮的花边。银色的纽扣，白色的长袜，吊袜带上挂着先令，头上和肩膀上都系着贝壳串珠环带。她穿了一件斜纹呢上衣，腰部往上戴着很多条贝壳串珠饰带，小臂上戴满了手镯，脖子上戴着一束项链，耳朵上戴着好几种珠宝。她穿着漂亮的红色长筒袜，白色的鞋子，假发扑了粉，面庞涂成了红色。他们一天到晚总是这身打扮。

对罗兰森来说，维塔姆的服饰象征着罪恶的骄傲，这在清教徒看来是可忍孰不可忍。作为清教徒牧师之妻，罗兰森容不得服饰上的半点邋遢和随意。然而，从美洲土著人的角度来看，维塔姆夫妇穿戴的花里胡哨服饰体现了他们的地位和权力，毕竟维塔姆是万帕诺亚格部落的头人，而夸诺潘是一名勇士，两人都在为保护部落的传统而战。

这种操控或改变约定俗成时尚的做法，尤其是启蒙时代土著人的做法，超出了我们当代人的想象。通常说来，我们的解读往往受到历史画像的影响，比如前面提到的约翰·怀特的画作，或法国殖民者亚历山大·德·巴茨（Alexandre de Batz）于1732年绘制的图尼察妇女的画像。在这些画像中，美洲土著女人没穿衣服（至少在记录她们的欧洲人眼中如此）。因此，这种裸体土著女人的形象在历史想象中占了上风。然而，对考古发现的身体器物的研究表明，实际情况可能会与这种想象大相径庭。

18世纪早期，法属路易斯安那州殖民地在长期聚居于密西西比河下游谷地的众多美洲土著部落中建立起来。法国殖民者和军队与图尼察人都生活在密西西比河以东的图尼察地区。20世纪70年代，在图尼察猎犬村遗址进行的挖掘显示，图尼察人从生到死的服饰都丰富多样。在考古发掘现场，一名安葬的成年女性戴着贝壳耳钉，穿着一件带有宽皮袖口和包铜木扣的欧洲礼服。在骨盆附近发现的几颗相配的黄铜纽扣表明，下葬时她穿着裤子。在其头部右侧发现的数百颗白色小玻璃珠显示，这些珠子曾经编进了她的头发。

男人穿长礼服是文明的重要标志。18世纪20年代走遍了路易斯安那州的耶稣会神父沙勒沃伊（Charlevoix）于1720年拜会了图尼察酋长。他说："酋长彬彬有礼地接待了我们。他穿着法式服装，似乎一点儿也没感到局促不安……他早就不穿野蛮人的衣服了。他为自己总是穿着得体而感到自豪。这符合我们的时尚。"对神父沙勒沃伊来说，这件礼服是殖民器物，代表着最前沿的文明。对图尼察酋长来说，这是一件用途不可限量的器物。可是，对于一个穿着礼服的图尼察女人来说呢？如同维塔姆夫妇的情况一样，考古证据表明，就启蒙时代欧式和土著服装混搭以彰显权力和领导力的这些人而言，对他们的身份和服饰需要进行多维的解读。

身体呈现：强制与强加

有时，从考古遗址中出土的各种各样的服装和饰品，初看起来似曾相识，如出一辙，呈现出一种强制性的统一，不过，仍然还有细微的差别。1652年，荷兰东印度公司在好望角的狩猎采集者科伊科伊部落（即霍屯督人，南非一个古老的族群）建立供应站基地。该定居点一直运营到18世纪末，人口包括荷兰殖民者和军队，以及东南亚和西非奴隶。卡梅尔·斯赫里勒（Carmel Schrire）和同事们在定居点内进行了广泛调查，包括城堡、护城河和一号前哨站。卡罗琳·怀特（Carolyn White）对一号前哨站的个人物品分析后指出，虽然考古现场发现的鞋扣在形状和样式上具有相似性，但组合设计和装饰却存在显著多样性。鞋扣上的玫瑰花结、花卉图案和几何图形不仅为制服平添了细节和特色，进而也令穿着者与众不同。这些细枝末节可以将地位较高的人与地位较低的人区分开来，特别是当它们与佩戴在身上的戒指和表链等精致器物组合在一起的时候。还有些细节同样能呈现身体并传达一定的含义，例如，在法属殖民地路易斯安那，美洲土著儿童在贝壳项链上面戴一个铜十字架；或在同样环境中，法国士兵身上的文身带有鲜明的北美土著风格。

对于军人来说，鞋扣使穿着者能够借以抗衡他人强加给他的身体表现。然而，启蒙时代的人并非都具备这种能力。有一些身体器物指向了身体控制、支配和人格物化的体验。铁镣就是一个颇具说服力的例子，因为这种器物不仅通过限制行动自由来控制佩戴者，还透露出被监禁或奴役者的身份和地位信息。哈佛学院皮博迪考古学和人类学博物馆珍藏的一幅科特迪瓦的铁镣铸就曾在从非洲穿越大西洋到美洲的中间航道航行中用于限制奴隶自由。它们唤醒了人们对身体被控制、操纵、踩躏和胁迫的感受。其他身体器物也能带来身体控制的体验，例如束腰紧身胸衣撑条就是要限制身体行动，将身体作为任人摆布的东西。在研究这种身体器物时，马丁·霍尔提醒我们，至关重要的是寻找那些引而不发的反响以及个体对外界身体控制做出反应时所展现出来的不同能动性。

消费：营养和治疗身体的器物

启蒙运动期间，人们的口味也发生了变化。胡椒、肉豆蔻、生姜、西红柿、土豆、辣椒、茶和巧克力等新的食物和调料随处可见，影响了地球人的味蕾。饮食的转变影响了人们身份的改变，特别是那些殖民者的身份。凯瑟琳·内斯（Kathryn Ness）对大西洋两岸西班牙口味进行了比较研究。她指出，口味和饮食的变化通过餐具反映出来。在西班牙南部的一个小家庭，"食材既有本地的也有进口的，盘子都是配套的崭新平盘，表明他们已经开始接受新品菜肴"，而佛罗里达州奥古斯丁的一个小家庭则试图在新环境中效仿西班牙人的口味。

有些人总想在陌生的环境中享用熟悉的食物，以免数典忘祖。正如伊登（Eden）指出的那样，"英国人和其他欧洲人一样，笃信他们的英国性源于英国食物和英国气候。吃不到英国食物，他们的英国性也就荡然无存"。无独有偶，帕沃·扎克曼（Pavao Zuckerman）也认为，在欧洲殖民该地区很久之后，美国东南部的克里克部落（美国几百个印第安土著部落中的一个）依旧维持着自己的饮食习惯。她指出，即使面对西班牙人的传教和家畜的引进，位于今天阿拉巴马州福夏奇村的克里克人在17世纪和18世纪初仍在继续开发野生资源，直到19世纪鹿皮贸易江河日下，他们的生存战略才发生了重大转折。

在启蒙运动期间，药物、灵性和治疗也是身体消费的一部分。在16世纪和17世纪早期，医学和宗教在对身体的理解方面密不可分。关于身体和健康的知识，来源于古希腊医学家盖伦的体液理论，认为人的身体由4种体液组成，即黑胆汁、黄胆汁、黏液和血。疾病的起因与体液的不平衡有关，而体液的不平衡可以通过祈祷、放血以及内外兼修来恢复健康和抚慰灵魂。体液理论在17世纪末18世纪初失时落势，但宗教和医学之间的边界仍然模糊不清，民间医学实践一直延续到19世纪。由此可见，身体器物不仅仅是为了强身健体，它们在滋养和抚慰灵魂方面也发挥了重要作用。

餐桌上的面孔

17、18世纪，餐桌上使用的器皿偶尔会对身体进行呈现。巴特曼壶是一种主要产自德国的盐釉粗陶容器，特征是容器下颈部有一张略显怪异的长着胡须的男人脸。放在餐桌上的巴特曼壶用来盛麦芽酒或烈性酒等液体。启蒙运动时期，巴特曼壶遍布英国、北美和亚洲。1629年在西澳大利亚海岸附近沉没的荷兰东印度公司"巴达维亚号"上曾打捞出数百把巴特曼壶。在对17世纪哈佛学院校园的考古挖掘工作中，也发现了十几把巴特曼壶的碎片。这对一个校规明令禁止饮酒的大学来讲，不能不说令人咋舌（或许情况并非如此）。

餐桌上使用的德国陶器巴特曼壶还有其他用途，主要是用来避邪。人们将针、毛发、尿液、布料和动物骨头装进巴特曼壶，将其当成"女巫瓶"，藏在窗台下或墙壁中。和其他与巫术民俗有关的器物一样，女巫瓶的使用在16至19世纪的欧洲相当普遍。尽管大多数女巫瓶都是在英国发现的，但也有证据表明，这种避邪之术已经流传到了新世界。曼宁（Manning）对北美避邪习俗中的物质文化做过研究，称所用器物包括女巫瓶、隐藏的鞋子、猫和衣服；而芬内尔（Fennell）则详细探究了用于巫术和民间疗法的身体器物，比如在非洲裔美国人和欧洲裔美国人中用作祛病避邪的打孔硬币。芬内尔和曼宁都强调，器物的避邪用途要放在历史背景中去加以研究，同时也要给普通器物的叙事留出一席之地。这一观点对于启蒙时代身体器物的研究格外重要。例如，虽然在17世纪哈佛学院校园里发掘出的打孔法寻[1]硬币，可以用来研究马萨诸塞湾殖民地的商业活动，但它作为祛病避邪之物的作用却不容忽视。

在此基础上，克罗斯兰（Crossland）进一步考证了作为一种具有身体特征的器物，巴特曼壶在保佑身体和灵魂方面的寓意。她指出，巴特曼女巫瓶提供了一个"器物可以视为身体的延伸，并能在远离身体的情况下发挥能动作用"的实例。自身易碎的陶体在主观思维和客观身体的二元结构出现的时候，保护了脆弱的近代早期身体。科顿的父亲、时任哈佛学院院长的因克里斯·马瑟（Increase Mather）在1693年《关于巫术的良心案》（*Cases of Conscience Concerning Witchcraft*）一文中连篇累牍地指出，没有人能做到百毒不侵。文中，他对宗教信仰的重要性以及保护自己身体不受病魔侵害的必要性高谈阔论。我们可以设想一下，有着清教徒背景的哈佛学院却在使用巴特曼壶，学生们终日淹没在滔滔不绝的有关魔鬼的布道中，同时还得接受医药和康养教育，而那里距离塞勒姆女巫审判地只有20英里之遥。显而易见，在这种情况下，人们对身体的焦虑便滋长起来——巴特曼壶就在餐桌上与他们面面相觑，而女巫瓶的民间习俗却是与生俱来的。

---

1 法寻，英国旧币名称，相当于四分之一便士。——译者注

吸烟

原产于北美的烟草在新大陆旅行开始后不久便引入了欧洲。克里斯托弗·哥伦布在加勒比海地区、雅克·卡蒂埃（Jacques Cartier）在加拿大、哈利奥特在詹姆斯敦都注意到了烟草的使用及其蕴含的宗教意味。烟草是新大陆的第一批商品之一，成为新兴世界经济中种植农业的基石。

通过跨大西洋贸易，烟草进入了亚洲、欧洲和非洲。17世纪80年代，詹姆斯敦每年生产超过2500万磅的烟草销往欧洲。在烟走向世界的同时，作为回应，英国和荷兰的白陶烟斗和其他烟具的生产增长迅猛，成为陶瓷行业的重要组成部分。陶土烟斗在1600—1760年的大多数考古遗址中比比皆是。例如，仅詹姆斯敦一地，就收藏了英国和詹姆斯敦烟斗制造商在1620—1690年生产的数万件白陶烟斗碎片。

佛兰芒（分布在比利时北部和西部的一个民族）艺术家小大卫·特尼尔斯（David Teniers）在1640年的画作中创造了一个令人过目难忘的吸烟文化形象，并恰如其分地将其命名为《吸烟者》。特尼尔斯对酒馆场景情有独钟，经常描绘工人阶级在享用烈酒和烟草。在这幅画作中，主人公在点燃白陶烟斗，身旁放着酒具，破碎的、用过的烟斗散落在桌子和地板上。背景中，他的工友已显酩酊之态。虽然消遣是对考古发现的白陶烟斗的常见解释，但在启蒙时代，吸烟对不同种族群体具有不同的含义。除解闷外，许多群体认为烟草是一种药物。大量文献表明，美洲土著人在治疗仪式上把烟斗和烟草当作精神药物来使用。阿格贝–戴维斯（Agbe-Davies）指出，在塞拉利昂，人们用烟草来抚慰感官，抑制食欲。虽然欧洲人经常在社交和政治环境中吸烟，但17世纪的人们仍然把烟草视为一种药物，是旧世界里来自新世界的药物。在体液理论鼎盛时期，深受人们欢迎、使用起来便利的配方便是烟草。这正是本节所要侧重讨论的问题——烟草是如何用来治愈身体的。

烟草引进欧洲后，很快便成为一种常见的治疗手段。在启蒙运动时期，人们认为烟草是治疗梅毒、癫痫和乳腺癌等大多数疾病的灵丹妙药。他们同时还相信，吸烟可以缓解饥渴，治疗焦虑、牙痛、发烧、坏血病、溃疡、坏疽、哮喘和感冒。人们认为，把绿色烟叶和醋混合成糊，涂抹在身体表面可以缩小肿瘤，加糖之后可以口服，用来驱除体内的蛔虫和其他寄生虫。1665年伦敦大瘟疫期间，烟草一路飙红，因为有人声称烟草可以非常有效地预防瘟疫。

虽然烟草很有市场，但也有人试图限制或禁止吸烟。在1604年《对烟草的反击》一文中，英格兰国王詹姆斯一世就表达了对烟草的深恶痛绝，指出烟草的肮脏和放纵远胜于其药用价值。1655年哈佛学院校规也主张师生适度使用烟草，只有获得特别许可的学生才能吸烟，不过学校档案证明，学生寝室里经常烟雾弥漫。早期校园流行吸烟的这一观点有考古证据的支撑。印第安学院[1]和老学院就曾出土大量烟斗碎片。这两所学院分别招收美国土著学生和英国学生，宿舍和教室集于一处。在老学院地窖里发现了180多块1620至1680年间的烟斗碎片，而在印第安学院旧址，则发现了50多块相同年代的烟斗碎片。大量的烟斗碎片代表着学生们喷云吐雾的焦虑时刻，他们宁可冒着违反校纪的风险也要吸上一口，而有的学生则是靠吸烟来缓解可能是由恶行引发的焦躁和忧虑。

1　这里指哈佛大学的前身——哈佛学院的一个下属学院。——译者注

结语

　　身体器物十分有用。这些个人物品在任何时期的消费中都占据核心地位。更为重要的是，它们有助于解决与身体感知、呈现和消费相关的有形、无形问题。它们可以用来遮蔽、滋养和疗愈身心，区分和呈现自我与他人的具体行为。为充分理解身体器物与身体的关系，必须将它们置于产生和使用的环境中加以理解。让我们再回到本章第一部分讨论的骨篦子，想象一下17世纪哈佛学院的本科生们拥有这种器物时内心所感到的那份轻松。有了篦子，他们可以除去虱子带来的不适。同时，还可以向同学、老师乃至他们心中的上帝展示更洁净的身体和更虔诚的精神。失去了那把篦子，就有可能产生如何保持身体洁净的焦虑感，而污秽的身体最容易受到邪恶和魔鬼的侵害。

　　启蒙时代不能简单地用一场单一连续的运动来进行描述。它是一场事关习俗、知识、政治改革和宗教的革命。世界各地的人们通过身体器物，经历了各自不同的体验。生活在密西西比河沿岸的图尼察女人披上了长礼服；西班牙南部的一家人围坐在一起享用新奇的美食；驻扎在好望角的荷兰士兵鞋上带有别致的鞋扣。在每一个生活瞬间，身体器物都回应并调和了身体的不同关切——治疗、滋养、展示和保护身体。对某些人来说，身体器物意味着自我表白的机会，但同时它们又成为奴役他人的工具。最后，身体器物让我们懂得了在启蒙运动期间身体在不同环境中的作用，以及身体和器物在器物文化史上的关系。

第八章

器物世界

连接商品、本土与全球的桥梁

乔纳斯·莫尼·诺丁

引言

　　人们通常把启蒙运动视为一场欧洲运动或欧洲进程，而祛魅则成为一种思维模式。这种思维模式诞生于巴黎的咖啡馆、伦敦的小酒馆和北美的会议室。然而，倘若没有殖民地带来或积累的财富，启蒙运动的所有这些特征——科学、绘图、祛魅、工业和改革——都不可能呈现出来。此外，启蒙运动牢固地建立在知识和体验的基础上。这些知识和体验连同那些同样充满异国风情的器物一起，从遥远的大陆带到了欧洲的中心。

　　启蒙运动最重要的支柱是经验主义。作为一种理解和控制机制，从世界各地收集文化和自然标本对于我们今天所谙熟的科学创造极其重要。纳入西方收藏时，那些异国情调的器物往往会从它们从属的本土分离出来，融入以欧洲为中心的世界观。对欧洲经济体和以欧洲为中心的思维模式来讲，美洲所扮演的角色固然不可或缺，但其他可感知的外围地区在营造以欧洲为中心的异国情调中也发挥了作用。

本章所要探讨的是近代早期异域器物的作用，尤其是17世纪和18世纪欧洲的殖民收藏。全球视角下萨米人器物的收藏与窃取构成了我们讨论的经验主义基础，但总的目的是将器物文化史放在近代早期的人和器物的关系以及大西洋世界启蒙运动的形成这样一个更加宏大的背景下去加以研究。本章旨在通过提请人们关注萨米人器物的收藏，来展示近代早期欧洲殖民地收藏品的多样性和相关性。

掠夺：殖民地的伎俩

为了阻拦我们，萨米人（北欧民族，属蒙古人种和欧罗巴人种的混合）简直是说破了嘴。不过，我们压根儿就没收手，每个人拿了一块名叫塞塔的魔石[1]，头也不回就走了。萨米人连威胁带诅咒，口口声声说我们惹恼了他们的神灵，以后有我们受的。

1681年，法国剧作家让-弗朗索瓦·勒尼亚尔（Jean-François Regnard）闯入瑞典萨普米[2]北部地区。上面那些话就是出自他之口。8月中旬，他和两名同伴及一群当地向导沿着托讷河谷前往托讷湖（北萨米人称之为"杜尔特诺斯查夫里"）。就在湖的东南部，托讷河开始了奔向波的尼亚湾的漫长旅程。在激流中间有一个北萨米人所说的杜拉古伊卡岛（芬兰语和瑞典语称"塔拉科斯基岛"）。勒尼亚尔一伙就是在这个岛上抢走了魔石。这里也是塔尔马萨米村的一

---

1 魔石（seita,siedie,seite），可能是一种具有醒目形状的天然石头，人们认为它具有超自然力量。魔石或木制器物是萨米土著宗教的核心，也是收藏家梦寐以求的物品。——原书注

2 这里使用的是北萨米的萨普米一词（即萨米人土地的流动地理定义，指从挪威／瑞典中部到北角、从大西洋海岸到俄罗斯科拉半岛的广大地区）。——原书注

处圣地。

如今，激流区和小岛已成漂流和垂钓的打卡之地。除了远离尘器、地理位置奇特之外，很少有东西能让游客联想起该岛还曾是令人膜拜的圣地。当勒尼亚尔一伙来到萨普米的这一地区时，萨米人仍然控制着萨普米内陆的广袤土地和水域。然而，勒尼亚尔的到来预示着土地、水域和物质文化（如前文提及的魔石）从萨米人那里系统地沦落到瑞典主流社会手中。

从勒尼亚尔的叙事中可见，类似上文中提到的那些残暴的场景俯拾皆是。他还讲到了与萨米人萨满教巫师在"世界尽头"的一次会面，其间，他偷走了巫师的法器鼓。从殖民意识形态出发、用帝国主义居高临下和异想天开的视角详细描述萨普米和萨米人，勒尼亚尔算是开了先河。当然，像同时代的许多殖民地旅行者一样，他也收集和收藏器物。

当勒尼亚尔及其同伙大肆窃取和收集萨米人的器物时，他们其实是秉承了一个源远流长的欧洲传统，即从中世纪开始延续数百年对物质文化的占有。殖民扩张和殖民遭遇，加上贸易网络和科学考察的发展，导致世界上众多民族之间的实物交换迅速增长。

让－弗朗索瓦·勒尼亚尔对在萨普米经历的描述不同凡响，同时，他也急不可待地开展调查、绘图并记述遥远异域文化的景观、传统和物质文化，堪称早期启蒙科学的一个相当有代表性的人物。他捕捉到了异国情调作为一种生活体验的精髓，是一个鞍前马后参与塑造殖民地秩序的代理人。他是一个个体，是塑造现代社会大机器上的一个齿轮。此外，勒尼亚尔还是将萨普米和萨米人置于异域他人的目光之中进行赏析的第一人。通过他和约翰尼斯·谢弗勒斯

（Johannes Schefferus）、弗朗西斯科·尼格理（Francesco Negri）、萨普米的皮埃尔·马丁·德·拉·马提尼埃（Pierre Martin de la Martinière）等同时代作家和学者的共同努力，或者更确切地说，正如欧洲大陆众所周知的那样，斯堪的纳维亚半岛北部的拉普兰地区已然成为以欧洲为中心的世界中不言而喻的组成部分。

近代早期人与物之间的纽带

近代早期的殖民化和全球化使世界各地的联系比以往任何时候都更加紧密。经过15世纪末和16世纪初几代人的演变，寰球从一组独立的单元变成了经济、宗教和社会生活交织在一起的世界。很快，澳大利亚、太平洋和南极洲融入其中，世界和种族之间呈现出前所未有的交融变局。这一时期形成的联系预示着当代晚期或后现代世界的超级全球化。然而，鉴于所有这些联系，至关重要的是谨记历史和现在、近代早期与当今世界之间的差异之巨。

过去和现在的差异不单单体现在全球化程度上。几个世纪以来，某些商品的价格可能在全球范围内趋同，但对于其他商品来说，在近代早期却并没有全球市场，时至今日也几乎没有。亚洲、非洲、美洲和欧洲的内陆地区并不总能成为世界经济的弄潮儿。在西伯利亚内陆，荷兰批量生产的陶制烟斗可能是人们梦寐以求的物件，而中国南京人的日用瓷杯对德国南部的佃农来讲或许是一件稀罕宝贝。

在美国东海岸的一些土著人眼中，一把西欧的铜壶可能令人垂涎三尺。它的品质与其说来自于水壶的实际用途，倒不如说是来自于它的物质性和内在特质。其他没有进入全球市场的器物仍然还是本土货。人们对待商品的态度和感情各不相同。异国情调器物的流通和收藏就是一个很好的例子。浪里淘沙的器物要比其他器物更受欢迎。日本漆器、大蛾螺、西非象牙、羽毛和烟斗不仅在欧洲，在全球范围内都算是近代早期收藏中的精品。对收藏界来讲，萨米鼓和魔石虽然微不足道，但不可或缺。一个像样的规模性的收藏如果没有萨米鼓或其他萨米手工艺品装点，根本就算不上包罗万象。

人与物之间的关系并非一成不变。近代早期，人与物之间的关系与我们今天的判然不同。韦萨·佩卡·赫瓦（Vesa Pekka Herva）指出了人们对待物质性的不同方式以及近代早期和当下的区别。人与物常常陷入错综复杂的关系之中，因此，需要不断地一再调整彼此之间的关系。就像今天一样，近代早期的这些关系造成了人类活动与物质结果以及行为体盘根错节的纠葛。

人与物、大陆与大陆之间关系的一个决定性因素是美洲和欧洲通过哥伦布远征之举正式地联系在一起，进而引发了不同大陆人民之间漫长而残酷的交流过程。疾病的传播和财富的转移尽人皆知，但首次相遇的物质形式并不总是为世人知晓，因此值得做一个回顾。1492年9月25日，克里斯托弗·哥伦布的探险队看到了远处的陆地，两周后的10月11日，一根漂浮原木上的切割痕迹让他们第一次发现了那里有人类存在的迹象。当天晚些时候，他们遇见了卢卡扬—阿拉瓦克部落的人。数日后，即10月16日，哥伦布的水手再次见到了他们第一次相遇时与土著人交易过的一枚西班牙硬币。在两次交易之间的几天里，这枚硬币已经开始以交换方式开启了它的旅程。

说来也巧，1607年，约翰·史密斯（John Smith）和切萨皮克的英国殖民者也注意到波瓦坦部落的人使用大量欧洲器物。通过波瓦坦、萨斯奎汉诺克和易洛魁人的手，长途贸易将切萨皮克与五大湖区和圣劳伦斯河联系起来。百多年来，波瓦坦和其他美洲土著部落一直与欧洲人保持着广泛的联系，范围远至佛罗里达州的西班牙殖民地，反之亦然。15世纪90年代末到过里斯本、马德里或几十年后到过伦敦的游客，不仅能看到美洲的弓箭、吊床、珍珠、贵重金属和羽毛制品，还能目睹鹦鹉、鲜花、食物和饮食方式，甚至还能邂逅美洲人。从最初开始，欧洲和美洲之间就有相当程度的互动。奥黛丽·霍宁曾研究过一位弗吉尼亚州的印第安人——部落自己人叫他帕卡奎尼奥（Paqaquineo），西班牙人则称其为唐·路易斯（Don Luis）——概括了他的洲际生活以及游走在扑朔迷离的权力关系中的艰难苦旅。16世纪60年代，他在西班牙生活了几年，后被派回美洲协助西班牙人向北扩张，但最终还是与西班牙人背道而驰，回归自己的部落。

　　最先获得美洲器物（有时是人）的是葡萄牙和西班牙王室。在器物运往南欧和中欧的藏品室和王宫途中，占尽中间商和中转站先机的西班牙更是近水楼台。意大利美第奇家族和奥地利哈布斯堡家族热衷于收藏美洲器物，就像他们醉心于收藏非洲裔葡萄牙人的象牙一样。杰西卡·基廷（Jessica Keating）和莉亚·马基（Lia Markey）认为，早期的收藏对"印第安"器物存在概念上的混淆。"印第安人"可以指美洲人或亚洲本土的印度人，也可能指来自亚洲的器物。欧洲人最初将美洲当成印度，但后来发现它与欧洲和亚洲截然不同，究其原由，一是海外的殖民实践，二是异国的器物收集。早期阶段，人们区分不开美洲人和亚洲人的困惑，是建立在异国概念混淆基础上的一种认知。及至17世纪和18世纪，概念渐趋明朗，人们才按独有特质更加严格地把世界划分为不同的大陆。

欧洲殖民扩张将美洲人和欧洲人日益紧密地联系起来，尽管这是一种不平等联系，进而通过收藏和经济剥削将两个物质世界调和在一起。同时，殖民扩张行径看起来非常不同的其他地区，比方说北极，也被纳入了这些剪不断理还乱的物质网络。无论是生活在格陵兰岛，还是抗争在北极西部，因纽特部落都受到了欧洲帝国主义的觊觎。皮划艇、皮猴和鱼叉颇受欧洲人的青睐，藏品室或博物馆里都有展陈。正如奥尔登·T.沃恩（Alden T.Vaughan）指出的那样，欧洲人乐此不疲地收藏器物和人的癖好，也波及了因纽特人。直到18世纪，这种做法在丹麦的北极地区仍然甚嚣尘上。随着第一批探险队陆续抵达美洲，人们对萨米人和他们的土地——萨普米的好奇心也与日俱增，这在旅行路线和旅行日志中都可见一斑。17世纪，逐步发展成为包括人、动物和物质文化在内的大量收藏活动。

前文提到的自诩见多识广的让－弗朗索瓦·勒尼亚尔认为，萨普米是"天涯海角"，是世界的最北端。他在托讷湖畔竖起的一块石头上刻下了这样的文字："Gallia nos genivit, vidit nos Africa, Gangem havsimus …"，大意是："我们生于高卢，长在高卢，目睹过亚非利加，畅饮过恒河之水……"铭文清楚地显示了大陆之间的差异和距离，以及字里行间行游天下的自豪感。勒尼亚尔还将欧洲最北部与已知的他乡异域相提并论，将其置于印度和非洲的背景下，拱卫着世界中心高卢（即法国）。由是，异国情调成为一种实践或一种生活体验。

北方的收藏

16至17世纪，古董、人种学和博物学收藏呈指数级增长。丹麦古董商欧拉乌斯·沃尔缪斯（即奥勒·沃姆）的著名藏品于1655年在哥本哈根展出。令人目不暇接的展览展示了世界文化和自然奇观两大方面的器物，但有的藏品兼具两方面的特性，例如咬着树根的马的下颚。还有人可能会收藏美人鱼、独角兽角或其他珍稀动物。早期的藏品大多由王室或贵族们收藏，或贮于专门用于相关研究的私密藏品室。藏品室类似于珍奇百宝屋，可以是一件家具，也可以是整个房间，甚至还可以用上"博物馆"一词。欧拉乌斯·沃尔缪斯的博物馆，如其展览前言所述，是一个理想的藏品室，集自然标本、动物标本、化石、鹿角和矿物于一体，还有模型、雕像、出土文物、武器、皮划艇等。此外，还有一套萨米滑雪板、一驾萨米雪橇和一个穿着萨米服装的人体模型。后者是文化与自然的结合体，体现了近代早期文化和自然之间大象无形的差异。在沃尔缪斯博物馆展陈的最后部分，沃尔缪斯还展示了一面萨米鼓（图8-1）。24年后，勒尼亚尔在托讷湖附

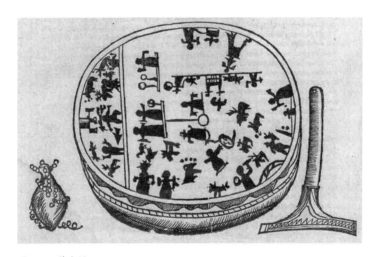

图8-1　萨米鼓

近把同样的东西和魔石一起盗走。

如上所述，最古老的收藏品表明，但凡收藏都离不开可供遵循的器物标准范畴，这些器物对收藏来讲不可或缺。一般来说，印第安人的器物以及古董硬币都是收藏必备。战斧、贝壳串珠、吊床和狼獾标本最令人爱不释手。与外交协定和条约有关的器物自然很重要，也会受到欧洲收藏家的追捧。或许正是基于这种收藏做法，我们才能够理解贝壳串珠的收藏，克里斯蒂娜·J.霍奇在本卷第三章曾经对此做过探讨。

这种选材标准为爱德华·赛义德定义的想象地理学的构建铺平了道路，即把异国建筑空间作为自负的欧洲中心的一面镜子。这种想象空间并非一成不变，而是灵活的、活动的和多变的。欧洲国家对其他民族历史的共同兴趣或好奇心，表现在大量关于美洲土著民族起源的书籍中。相比之下，欧洲大陆对萨普米的兴趣在17世纪下半叶之前相当有限。在收藏过程中，狼獾、大象和驯鹿成为"他者"赤裸裸的象征。这些象征及其衍生出来的器物变得单一化，在某种程度上脱离了故土，转移到欧洲宫廷文化之中。像狼獾一样，飞奔的驯鹿也转化为一种主题，在艺术、文学、手工艺品和舞台上得以再现，从而成为品牌或符号（图8-2）。最终，这意味着驯鹿这种乡土代表的商品化。

藏品和早期博物馆也有法国哲学家福柯式的规训实践，即通过建筑、空间安排和器物分类来传达统治话语。物质器物被有序地排列和展示，借以表达等级和控制，恰似基于殖民主义意识形态概念对已知和感知世界所进行的三维地图绘制。早期的博物馆通常是私人性质的，往往从最初的创办人最终转手给大学、皇家学院或王室藏馆等机构，沃尔缪斯的藏品、伦敦的特雷德斯坎特博物馆及牛津

图8-2　17世纪最后25年的刻有萨普米主题的盒子。斯德哥尔摩北欧博物馆馆藏，藏品编号3863。乔纳斯·诺丁摄

的阿什莫林博物馆（英国第一个公共博物馆，世界最早的公共博物馆，也是规模最大、藏品最丰富的大学博物馆）都是这样的归宿。英国植物学家约翰·特雷德斯坎特的藏品以丰富的美洲器物闻名遐迩，比如波瓦坦人的斗篷，但特雷德斯坎特本人也曾到过欧洲大陆和俄国北极地区。1618年，他前往白海的尼科洛·科莱尔斯基修道院，在北极沿岸采集自然标本。通过这次旅行，特雷德斯坎特成为向更广泛的受众推介欧洲北极地区的重要代理人。

　　约翰尼斯·谢弗勒斯（1621—1679）是17世纪瑞典最著名的收藏家之一，他建有自己的博物馆，里面坐拥一座大型图书馆和一批广为人知的古董和自然标本（图8-3）。最重要的是这家博物馆因其萨米馆藏而备受人们推崇。欧陆游客纷至沓来，与谢弗勒斯晤面交流，饶有兴致地参观他的馆藏。通过对拉普兰人的透彻研究，谢弗

图8-3 位于瑞典乌普萨拉市的约翰尼斯·谢弗勒斯博物馆。乔纳斯·诺丁摄

勒斯出版了萨普米和萨米人的第一部史书和民族志。他还收藏了萨米人的物质文化，如魔石、手工艺品标本、驯鹿雪橇和萨米鼓。在他去世后，藏品也不胫而走，流散各地，但大量器物被古物委员会收购。

　　在古物委员会最古老的1693年藏品目录中，萨米人器物与三十年战争的战利品和史前文物一起占据了显赫位置。其中，共有7个礼器鼓、两块魔石和一驾雪橇归委员会所有。谢弗勒斯的其余藏品以及萨米物质文化的代表性器物流散到了更远的地方，如并入英国汉斯·斯隆的收藏，进而成为大英博物馆的馆藏基础，而其他礼器鼓如今可以在柏林、德累斯顿、罗马和巴黎见到。最具象征意义的近代早期萨米人器物就是这些萨米鼓。它们吸引了传教士和牧师，以及对萨米文化和宗教感兴趣的近代早期学者和作家们的注意。近代早期欧洲与萨米鼓的关系是一对矛盾体：一方面是垂涎欲滴、兴致盎然和引人注目，另一方面是党同伐异、焚巢荡穴和斩草除根。在许多方面，萨米鼓都处于17和18世纪萨普米殖民和宗教矛盾与冲突的旋涡中心。时至今日，萨米鼓依旧是连接过去和现在的重要器物，在萨米文化遗产及其自决管理方面的争鸣中仍然是不争的焦点。

借物质文化之名盗用"他者"

约翰·特雷德斯坎特、欧拉乌斯·沃尔缪斯、约翰尼斯·谢弗勒斯、汉斯·斯隆以及其他许多人为近代收藏和近代文化历史博物馆的创建奠定了基础。这一层次的收藏不仅局限于男性，瑞典王后荷尔斯泰因—戈托普的海德薇·伊丽欧诺拉（Hedwig Eleonora of Holstein-Gottorp，1636—1715）也是那个时代北欧的主要收藏家之一，藏品包括非洲和美洲的器物以及萨普米的自然标本。这些收藏家认为萨米人的器物是他们收藏的重中之重。汉斯·斯隆一度收藏的、如今是大英博物馆藏品的鼓，可能是由曾任约翰尼斯·谢弗勒斯助手的约翰·海西·里德斯蒂尔纳（Johan Heysig-Ridderstierna）送去的。1682年，他到访牛津大学，拜会了英国皇家学会。除提携自己的年轻门生埃里克·斯帕雷（Erik Spare）男爵外，里德斯蒂尔纳的主要任务是向博学的英国受众传播瑞典文学和科研成果。他向皇家学会赠送了瑞典博物学家鲁德贝克（Rudbeck）、谢弗勒斯、维里留斯（Verelius）的专著，以及欧拉乌斯·格兰（Olaus Graan）1667年用萨米文撰写的路德教义问答。此外，里德斯蒂尔纳还给皇家学会带来了鼓和如尼（北欧古文字，也译作卢恩）符文日历两件萨米人器物。与此同时，牛津大学和阿什莫林博物馆对萨米人物质文化的兴趣在接下来的世纪里不断提高。1708年，牛津大学收到了一个来自瑞典的驯鹿标本；该校的皮特·利弗斯博物馆也有芬诺—斯堪的纳维亚地区以外最精美的萨米人器物入藏。

这些17世纪收藏家的活动一直延续到18、19世纪，而且规模逐渐扩大。卡尔·林奈是17世纪早期的笛卡尔科学向18世纪晚期库克时代的重要传播者。林奈成为业界俊彦并赢得全球声誉的最成功之举，是他决定追随前辈小欧拉乌斯·鲁德贝克的脚步，远征拉普兰和萨普米。途中，林奈收集了萨米人的器物和自然标本。在拉普兰之行后，林奈继续他的荷兰之旅，1737年在荷兰出版了《拉普兰植物志》(*Flora Lapponica*)。就像60多年前谢弗勒斯所著《拉普兰人》(*Lapponia*)一书那样，这本书也很快获得巨大成功。在返回乌普萨拉之前，林奈让艺术家马丁·霍夫曼(Martin Hoffman)在荷兰哈勒姆为他绘制肖像。在这幅画像中，林奈穿着全套的萨米人服装。

人们对林奈的科学论著和《拉普兰植物志》产生了浓厚的兴趣，而对了解这幅肖像的创作背景和他身披萨米服装的缘由却兴味索然。安妮·格里森(Anne Gerritsen)和乔吉奥·列罗指出，传统学术观点限制了对经典艺术作品更宽泛的解读。他们认为，艺术史学家专注于将绘画作为绘画、技术和画家系列作品的一部分来加以研究，而不去探究画作到底描绘了什么。这一观点同样也适用于霍夫曼的画作，只不过探讨的核心不是霍夫曼，而是画作中的主人公林奈，以及他所取得的斐然成就和自我推销之道。

从霍夫曼的画作上可以看得出来，林奈身着全套冬装，戴着手套，足蹬冬靴，套着毛皮夹克，右手持一束孪生花，即林奈花。这幅画作并没有刻意去反映客观现实（因为在画中，夏冬两季并存，况且，孪生花也不生长在作画之地荷兰），而是入木三分地描绘了林奈的个人成就、人生阅历和自然文化遗产。最初描述过孪生花的是小欧拉乌斯·鲁德贝克（1720年），但林奈却把它变成了自己的标志或象征，并用自己的名字给它命名。这幅肖像画还反映了那个时代盛极一时的殖民思想。摇身一变穿上美洲土著人、亚洲人或因纽特人的服装，俨然成为近代早期富有欧洲人的流行时尚。另外，这幅画还展示了一系列在欧洲市场上颇有回头客的"异国情调"商品：如靴子、夹克、手套、如尼符文日历、刀、钱包和鼓，都是人们梦寐以求的东西。销往欧洲大陆的靴子、手套、夹克和毛皮数量就蔚为壮观。

同时，这幅画也描绘了人们的物质期望。霍夫曼画中的器物描绘得极其精准，而这一切都为林奈所拥有。松纳·库尔约克分析了这幅画作之后得出结论称，林奈展示了他从萨普米南部到中部的拉普兰之旅的收获亮点。衣服、帽子及其他物件均来自萨米人聚居区的于默奥和吕勒奥拉普马克，从画作中可见林奈在精选衣服时的良苦用心。库尔约克认为，画中的一个细节相当令人惊讶——林奈头顶的帽子是南萨米地区常见的女帽。本来应该是一身男性服装却搭配了一顶女帽，从而为这幅画作平添了一丝幽默感，可见林奈是在故意嘲弄萨米人。在日记中，林奈提到了这顶帽子和最初戴这顶帽子的女人。无论是帽子还是戴帽子的女人，林奈动用的措辞都是"与众不同"和"异域风情"。他称那个女人身材矮小，面部被烟熏得黝黑，头发和眉毛也都很黑。

鼓在这幅画作和萨米人脑海中都占据中心位置。除了描绘得比较简洁之外，其他方面都非常准确。通过这幅画作，人们有可能找到鼓的原型，甚至还可能确定它的最后一位萨米所有者，来自吕克瑟勒（今瑞典北部城市）格兰宾的安德斯·尼尔森·庞特（Anders Nilsson Pont）。1722年，他曾断然拒绝向当局交出这面鼓，但最终他似乎不得不把它交给吕克瑟勒的教区牧师奥洛夫·格兰（Olof Graan）。林奈在萨普米并没有弄到这面鼓，而是在去荷兰之前从他的同事小乔治·沃林（Georg Wallin）那里得到的，对此他非常看重。或许林奈曾试图在萨普米找到鼓，但事实证明，通过自己的人脉关系搞到鼓比苦口婆心说服萨米人放弃传承圣物要容易得多（图8-4）。

图8-4 礼器萨米鼓。霍夫曼画作中曾有过描绘，如今在乌普萨拉的林奈博物馆展出（藏品编号14791）。照片承蒙林奈博物馆提供

林奈这位著名的植物学家使用过的萨米人器物远远不止霍夫曼在肖像画里描绘得那么多。在瑞典的几个私人庄园和私人收藏中都有萨米人的器物，而这些器物传统上都与林奈及其门徒卡尔·索兰德（Carl Solander）的活动有关。在瑞典西曼兰省（瑞典中部省份）的富勒洛庄园，根据传统，林奈把一面萨米鼓送给了克朗斯特德伯爵。这面鼓也是一种北方类型的礼器，现收藏于瑞典历史博物馆（藏品编号20812）。另一面南萨米类型的框鼓保存在靠近乌普萨拉（瑞典中部城市，首都斯的哥尔摩北面）的欧白胡斯城堡。这面鼓最初来自附近的列夫斯塔布鲁克铁厂，是瑞典著名昆虫学家、准男爵夏尔·德·吉尔（Charles de Geer，1720—1778）的藏品。德·吉尔是林奈的同时代人，两人过从甚密。作为一名杰出的收藏家，德·吉尔拥有一座大型图书馆，藏有一批自然标本。他还拥有1682年译成荷兰文的谢弗勒斯专著《拉普兰人》，以及林奈的第一版《拉普兰植物志》。

　　恩斯特·曼克（Ernst Manker，1938年）认为，由于林奈和德·吉尔之间的交易，欧白胡斯鼓最终出现在瑞典南部。德·吉尔所拥有的植物标本为林奈所艳羡，于是后者便用鼓来做交换。林奈一定非常清楚萨米鼓的价值，以及如何将其兑换成其他物品或名望。萨米鼓令林奈声名鹊起，事业如日中天。这种鼓被带到了荷兰莱顿（荷兰西部城市），有力地支撑了欧洲人对萨普米和萨米人所持的异化观点。

　　装扮成萨米人的意义在于奚落和变装，萨米人从来都不会穿成这个样子，因为萨米土著居民不会同时把这些服饰全都披挂上身，男人更不会这般穿戴。据说林奈还试图模仿萨米人的样子敲鼓。他用的是两个鼓槌，而不是萨米传统中的一个鼓槌。正如迈克·陶西格（Michael Taussig）所言，这是一个模仿的实例。林奈的举动折射出陶西格的两个核心概念，即拟态（占有和包容）和他异性（距离和嘲笑）。

这种同物质文化的肌肤之亲和实际运用与近代早期收藏密不可分。如今，人们只能在陈列柜中观赏收藏品，因为它们已然退出流通，变得奇货可居。在某种程度上讲，它们的个体生存链已经处于搁置状态。这种对藏品的处理方式与近代早期的做法相去甚远，那个时候器物是供人使用的，衣服是可以试穿的，收藏便意味着使用。林奈和他的效仿之举便是实际使用异域器物的一个例子。关于许多近代早期的收藏品，不仅有实际使用的文字记载或描述，而且还有实际使用的痕迹。有些器物上可能有刻字或搬运痕迹，有些则与新器物一起形成新的组合，就像美洲土著器物与欧洲材料和器物搭配起来一样。在谢弗勒斯和林奈生活的那个年代，人们积极利用收藏品去主动了解外围的边缘世界。这种利用也会采取角色扮演的形式，林奈的萨米器物或瑞典王室的器物就属此类。芭蕾舞、戏剧和舞台表演成了日常活动的一部分，而物质文化在舞台呈现中起着至关重要的作用。

器物收藏与殖民地世界

与其他大洲大量失窃的器物相比，巴黎人类博物馆、伦敦大英博物馆或罗马梵蒂冈博物馆收藏的萨米文物只是九牛一毛。欧洲人对美洲物质文化的系统性洗劫，以及随后对非洲、亚洲、大洋洲和澳大利亚的掠夺，令中饱私囊的收藏家和早期博物馆赚得盆满钵满。攫取他人土地的同时，侵占他人的物质文化器物是殖民意识与行径的要义所在。

本章分析了萨米人及其物质文化在殖民地背景下所扮演的角色，同时也探讨了实施收藏的个人代理人。如果没有同期丹麦和瑞典帝国、莫斯科公国（后来的俄罗斯帝国）、基督教会的急剧扩张，以及私企和国企介入萨普米迅速发展的采矿业，谢弗勒斯、斯隆和林奈等人收藏和交易萨米人器物的事情就不可能发生。谢弗勒斯和林奈与既提供器物又开拓市场的实业家义结金兰，交往密切。

关于原住民权利和土著自决的当代辩论使人们逐渐意识到，文化历史博物馆对过去在启蒙运动期间通过殖民收藏行径所犯下的罪过负有不可推卸的责任。在芬诺－斯堪的纳维亚地区，人种学藏品以及其他大陆的人类遗骸正在开始被返还给相关部落的后代。关于广泛收集的萨米人物质文化器物和遗骸的遣返工作也正在启动之中，尽管任重道远，却不能操之过急。这一点，从下面的例子中可以看得出来。

18世纪30年代，马丁·霍夫曼描绘的萨米鼓为卡尔·林奈所拥有，后来转手其弟子卡尔·彼特·桑伯格（Carl Petter Thunberg），19世纪初传入法国。19世纪末，瑞典学者"发现"了这面鼓，于是启动了将鼓送回瑞典的过程。1912年，法国和瑞典进行了正式交易。为了获得这面林奈用过的鼓，瑞典国家文物博物馆也拿出了一面萨米鼓和一套萨米器物作为交换。这面鼓已经失去了作为萨米人器物的感知价值，现有的价值都体现在与林奈有关的传奇和轶事上面。1933年，这面鼓从瑞典国家文物博物馆移至乌普萨拉的林奈博物馆新馆，该馆于1937年开放。迄今为止，这面鼓尚未返还原博物馆。林奈博物馆对这面鼓的所有权和使用权存在争议，理所当然地认为它属于萨普米境外的非萨米人博物馆。这一案例与绝大多数萨米人物质文化遗产的遭遇如出一辙。殖民历史以及博物馆和私人收藏给土著人器物打下的烙印仍然阴魂不散，如影随形，影响着今天寻求自决的土著人民。

欧洲近代早期的收藏形成了经典器物和叙事。美洲土著物质文化以及来自非洲和亚洲的器物，对于近代早期全球范围内的传播与占有至关重要。异域概念成为启蒙运动物质建构的核心驱动力。然而，这一建构过程并不局限于占主导地位的欧洲殖民列强，也还包括其他叙事。萨米人和萨米物质文化的融入，在构建一个可感知的欧洲"他者"和一个与启蒙运动形成鲜明对照的想象景观中，无疑发挥了不可或缺的作用。

附录

鸣谢

本卷第八章是瑞典国家文物博物馆"萨米收藏项目"的阶段性
研究成果，得到了瑞典研究委员会的大力支持。

缩略语

SaL.	Lule Sámi	卢勒萨米语
SaN.	North Sámi	北萨米
SaS.	South Sámi	南萨米
Fi.	Finnish	芬兰语
Sw.	Swedish	瑞典语

作者简介

凯蒂·巴雷特（Katy Barrett）：艺术史和科学史博士，英国伦敦科学博物馆艺术收藏策展人，曾任格林尼治皇家博物馆1800年前艺术馆馆长，并曾在剑桥惠普尔科学史博物馆、自然历史博物馆、大英博物馆、牛津皮特·利弗斯博物馆和伦敦国家美术馆担任过多个要职。巴雷特是《太阳的千年科学影像》（*The Sun: One Thousand Years of Scientific Imagery*，2018年）的合著人，并与他人共同为科学博物馆策划了"创新艺术：从启蒙运动到暗物质"（*The Art of Innovation: From Enlightenment to Dark Matter at the Science Museum*，2019—2020）展览。

玛丽·C.博德瑞（Mary C. Beaudry）：美国波士顿大学人类学、考古学和美食学教授，教授历史和工业考古学及考古理论。研究方向包括殖民地考古学、家庭和家庭生活、当代物质文化研究、性别与性别关系、个人身份和自我塑造以及烹饪餐饮。新近著作有《影子与亲密经济的历史考古学》(*The Historical Archaeology of Shadow and Intimate Economies*，与J.A.尼曼、K.R.福格尔合编，佛罗里达大学出版社，2019年)，《食品考古学百科全书》(*Archaeology of Food: An Encyclopedia*，与K.B.梅塞尼、罗曼&利特菲尔德合编，2015年)，《墙外：历史家庭考古学的新视角》(*Beyond the Walls: New Perspectives on the Archaeology of Historical Households*，与K.R.福格尔、J.A.尼曼合编，佛罗里达大学出版社，2015年)，《流动和运动考古学》(*Archaeologies of Mobility and Movement*，与特拉维斯·帕诺合编，斯普林格，2013年)，《牛津物质文化研究手册》(*The Oxford Handbook of Material Culture Studies*，与丹·希克斯合编，牛津大学出版社，2010年)，《调查结果：刺绣和缝纫的物质文化》(*Findings: The Material Culture of Needlework and Sewing*，耶鲁，2006年)。

艾德里安·格林 (Adrian Green)：英国杜伦大学历史学副教授，同时还在剑桥大学教授"建筑史大师"课程；曾师从马修·H.约翰逊教授。主要研究方向是16至18世纪英国及其北美殖民地的建筑和建筑环境。他的专著作品有《英格兰建筑：文艺复兴时期杜伦和剑桥的约翰·科森建筑》(*Building for England: John Cosin's Architecture in Renaissance Durham and Cambridge*，多伦多，2016年)，《博因顿厅：约克郡乡村住宅的社会和考古史》(*Boynton Hall: The Social and Archaeological History of a Yorkshire Country House*，即将出版)，还曾撰写《英国社会史（1500—1750）》(*A Social History of England*，1500—1750，基思·赖特森主编，剑桥，2017年) 中《消费与物质文化》一章。艾德里安同时也是国际乡土建筑协会的重要会员。

克里斯蒂娜·J.霍奇（Christina J. Hodge）：博物馆人类学家和历史考古学家，通过特权、人格和消费主义等近代早期物质文化来研究接纳与社会记忆。她十分重视博物馆藏品在支撑非殖民化议程、消除排他性和不准确历史叙述方面所发挥的作用。霍奇主管斯坦福大学考古收藏。这些博物馆级的50000余件考古和人种学文物藏品来自加利福尼亚和世界各地。她全面负责馆藏工作的日常运营和长远规划，在策划、馆藏管理、展览、研究、推广和教学方面提供专业知识、愿景和战略思维。

奥黛丽·霍宁（Audrey Horning）：英国女王大学福里斯特·D.默登人类学教授、威廉和玛丽考古学教授。著有《爱尔兰的归属》（*Becoming and Belonging in Ireland*，与伊芙·坎贝尔、伊丽莎白·菲茨帕特里克合编，科克大学出版社，2018年），《弗吉尼亚海中的爱尔兰：英国大西洋的殖民主义》（*Ireland in the Virginia Sea: Colonialism in the British Atlantic*，北卡罗来纳大学奥莫亨德罗研究所，2013年），《道路交叉还是共享？1550年后英国和爱尔兰考古研究的未来发展方向》（*Crossing Paths or Sharing Tracks? Future Directions in the Archaeological Study of post-1550 Britain and Ireland*，与玛丽莲·帕尔默合编，博伊德尔和布鲁尔，2009年），《大西洋中的爱尔兰和英国》（*Ireland and Britain in the Atlantic*，与尼克·布兰农合编，沃德韦尔，2009年），《爱尔兰后中世纪考古学（1550—1850）》（*The Post Medieval Archaeology of Ireland 1550–1850*，与鲁埃里·奥博艾尔、科尔姆·唐纳利、保罗·洛格合编，沃德韦尔，2007年）等书。

戴安娜·迪保罗·洛伦（Diana Dipaolo Loren）：纽约州立大学宾厄姆顿分校博士（1999年），现任美国高等教育联盟理事、哈佛大学皮博迪考古和人类学博物馆北美考古策展人。洛伦专门研究美国东南和东北部殖民史，重点关注身体、健康、服饰和装饰。著有《接触：十六和十七世纪东部林地中的身体和空间》（*In Contact: Bodies and Spaces in the Sixteenth-and Seventeenth-Century Eastern Woodlands*，2007年）和《殖民地美国的服装和身体装饰考古学》（*The Archaeology of Clothing and Bodily Adornment in Colonial America*，2010年）。自2005年以来，她一直是哈佛校园考古项目的共同董事。该项目旨在研究清教徒哈佛学院中美国土著和英国学生的校园生活。

乔纳斯·莫尼·诺丁（Jonas Monié Nordin）：瑞典国家历史博物馆研究员，隆德大学历史考古学副教授。诺丁专门研究斯堪的纳维亚殖民扩张和近代早期全球化及其对斯堪的纳维亚半岛、特别是对萨米人定居的萨普米地区的影响。目前，他正在研究在现代同质化进程之前，从中世纪晚期到近代早期的斯堪的纳维亚半岛南部和中部萨米人定居点的课题。

科林·莱恩（Colin Rynne）：爱尔兰科克大学学院考古学系的高级讲师。著有《工业爱尔兰考古（1750—1930）》（*Industrial Ireland 1750–1730: An Archaeology*，2006年、2015年），两卷本《爱尔兰种植园：定居与物质文化（1550—1700）》（*Plantation Ireland: Settlement and Material Culture,c.1550–c.1700*，与詹姆斯·利特尔顿合著，2009年），《科克第一伯爵理查德·博伊尔的殖民世界》（*The Colonial World of Richard Boyle First Earl of Cork*，与大卫·爱德华

兹合著，2018年）。他还发表了大量关于从中世纪早期到工业时期的水利技术的论文。

贝弗利（布莱）·斯特劳伯·福萨［Beverly (Bly) Straube FSA］：英国莱斯特大学考古学博士，詹姆斯敦－约克敦基金会的策展人，负责17世纪詹姆斯敦殖民地展览馆的展陈，还是特展"韧性：詹姆斯敦和早期维吉尼亚州的妇女"团队中一位不可或缺的成员。作为物质文化专家，斯特劳伯在过去45年里一直致力于英国北美殖民地的历史和文化研究。她是詹姆斯敦再发现项目的创始成员之一，担任该考古项目的高级策展人已有21年。她还是众多物质文化书籍和期刊的撰稿人，在包括美国公共电视网、历史频道、探索频道和英国广播公司等电视和纪录片节目中频频出镜。